油气管道阀门及输油气工艺设备技术手册

国家石油天然气管网集团有限公司云南分公司 ◎ 编

石油工业出版社

内容提要

本书详细介绍了油气管道工艺设备的分类、结构与原理、操作与使用、维护与保养和故障与处理等内容，并明确了工艺设备的管理要求，细化了管理措施。本书是一本规范油气管道输送工艺与管理的工具书。

本书可供国内油气管道领域相关专业技术人员、管理人员及石油高等院校师生参考使用。

图书在版编目（CIP）数据

油气管道阀门及输油气工艺设备技术手册 / 国家石油天然气管网集团有限公司云南分公司编 . -- 北京：石油工业出版社，2024.9

ISBN 978-7-5183-6944-7

Ⅰ . TE973-62

中国国家版本馆 CIP 数据核字第 2024UF0881 号

出版发行：石油工业出版社

（北京安定门外安华里 2 区 1 号楼　100011）

网　　址：www.petropub.com

编辑部：（010）64523736　　图书营销中心：（010）64523633

经　　销：全国新华书店

印　　刷：北京九州迅驰传媒文化有限公司

2024 年 9 月第 1 版　2025 年 4 月第 2 次印刷

787×1092 毫米　开本：1/16　印张：12.5

字数：305 千字

定价：100.00 元

（如出现印装质量问题，我社图书营销中心负责调换）

版权所有，翻印必究

《油气管道阀门及输油气工艺设备技术手册》

编委会

主　编：张　晶　李广良

副主编：刘小波　李　振　邓丰林　阮　超

成　员：裴　斌　祝烺贤　秦　鹏　杨念峰　王　林

　　　　张石林　郭光兴　谢　祥　杨水艳　张　聪

　　　　刘玉辉　田　润　张学鹏　刘炳池　杨　健

　　　　杨志刚　刘　威　钱李雄　田维坤　郑剑楠

　　　　刘钟阳　张瑞云　郭家瑞　王璐林

前言

　　为贯彻落实国家管网集团规范管理的工作要求，全面提升作业区的安全生产管理水平，进一步促进公司区域化改革工作的顺利推进，抽调专人开展了技术手册的编制工作。

　　通过编制技术手册，明确管理要求、细化管理措施，进一步规范作业区生产运行的各项工作。技术手册可为工作开展提供依据、为工作内容明确要求、为工作考核提供标准，帮助各个生产岗位的员工加深对日常工作内容、工作对象、工作要求的认识与理解，全面提高各项生产运行工作的管理水平。

　　本技术手册完成了生产部分的编制工作，主要起到抛砖引玉的效果。本手册由国家管网集团云南公司组织编制，由安宁作业区、玉溪作业区、曲靖作业区、楚雄作业区人员起草，同时公司各级领导给予了悉心指导及大力支持。因编制人员的水平有限，手册中的内容难免有不妥之处，在实际使用过程中将继续进行修订和完善，以逐步提升标准化手册的内容质量。同时也请各位读者在使用中发现问题并及时反馈，利于笔者继续完善手册内容。

本书编委会

2024 年 5 月

目 录

1 阀门

1.1 球阀 ··· 2
1.2 闸阀 ··· 7
1.3 旋塞阀 ··· 11
1.4 蝶阀 ·· 16
1.5 节流截止阀 ·· 20
1.6 止回阀 ··· 24
1.7 阀套式排污阀 ··· 27
1.8 弹簧式安全阀 ··· 30
1.9 先导式安全阀 ··· 33
1.10 水击泄压阀 ··· 36
1.11 安全切断阀 ··· 42
1.12 监控调压阀 ··· 46
1.13 MOKVELD 调节阀 ·· 50
1.14 四通阀 ··· 53
1.15 减压阀（调节阀） ··· 57
1.16 呼吸阀 ··· 63
1.17 电磁阀 ··· 67

2 输油气工艺设备

2.1 拱顶罐 ··· 74
2.2 离心式输油泵 ··· 83
2.3 燃气锅炉 ·· 105
2.4 清管器接收（发送）筒 ·· 120

2.5 磁性过滤器 ······ 123

2.6 滑片泵 ······ 125

2.7 锁环式快开盲板 ······ 129

2.8 立式过滤器 ······ 135

2.9 螺杆泵 ······ 140

2.10 内浮顶储罐 ······ 147

2.11 磁力驱动泵 ······ 156

2.12 自用气橇 ······ 161

2.13 天然气卧式过滤器 ······ 173

2.14 阻火器 ······ 178

2.15 消气器 ······ 182

2.16 一体化地埋式生活污水处理设备 ······ 185

1 阀门

阀门是流体输送系统中的控制部件，主要用于管路截断、管路流向控制、能量泄放等。按功能分为截断阀、调节阀、安全阀和止回阀；按结构形式分为球阀、闸阀、蝶阀和截止阀等。

1.1 球　　阀

1.1.1 结构与原理

1.1.1.1 球阀的结构

球阀主要由球体、阀体、阀座、密封圈、注脂系统、放空排污阀、执行机构等组成，如图 1.1.1 所示。

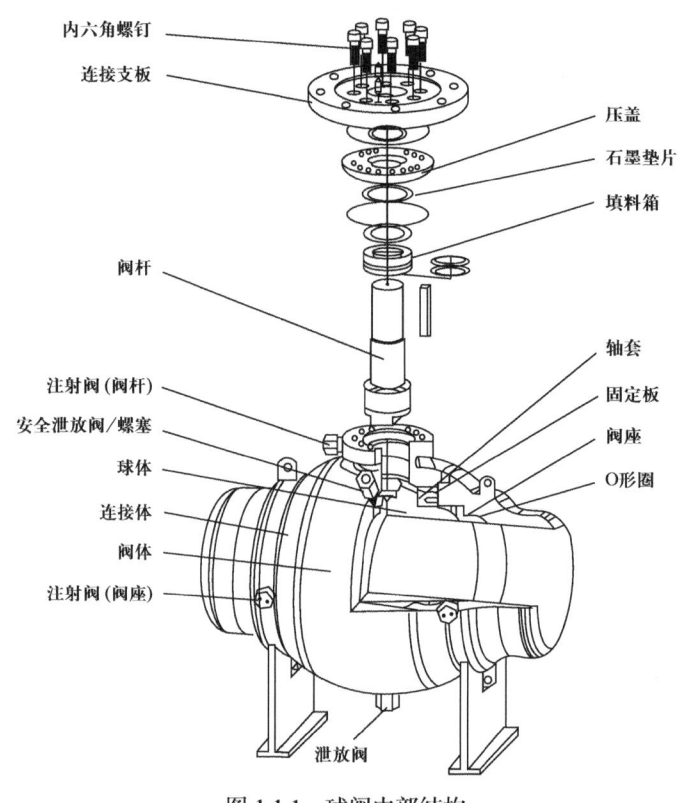

图 1.1.1　球阀内部结构

1.1.1.2 球阀的工作原理

球阀的关闭件是球形的，而且球内的洞也是圆形的，当球体中的洞和管道平行时，阀门打开，天然气从球阀流过。当球体旋转至洞和管道垂直时，阀门关闭，天然气不能从球阀中流过。通常顺时针旋转球阀为关，此时球体旋转 90°，球阀从全开位置（图 1.1.2）转为全关位置（图 1.1.3）。

 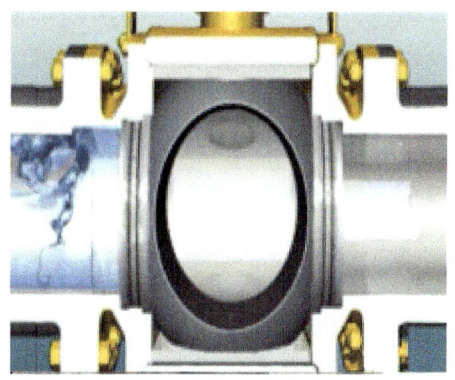

图 1.1.2 球阀全开状态图　　　　图 1.1.3 球阀全关状态图

1.1.2　操作与使用

1.1.2.1　球阀操作的一般原则

（1）对于有旁通流出的阀门，打开前需平衡两端压力。
（2）操作球阀只能在全开或全关位，禁止使用球阀节流。
（3）阀门操作前，一定要先检查球阀外观是否完好、有无泄漏。
（4）阀门的开关只允许一人手动操作，禁止使用加力杆和多人操作。
（5）阀门开关过程中如发生卡阻，切忌使用蛮力或加力杆强行开关阀门，应排除故障后再进行开关操作。
（6）现场操作或远控操作阀门时，必须有专人在现场监护。

1.1.2.2　手动球阀操作

（1）操作前应注意检查阀门的开闭标志。
（2）通常情况下，关闭阀门时手轮（手柄）向顺时针方向旋转，开启阀门时手轮（手柄）向逆时针方向旋转。
（3）手轮（手柄）直径（长度）不大于 320mm 时，只允许一人操作。
（4）手轮（手柄）直径（长度）大于 320mm 时，允许多人共同操作，或者借助适当的杠杆（一般不超过 0.5m）操作阀门。
（5）操作阀门时，应均匀用力，不得用冲击力开闭阀门。

1.1.2.3　球阀就地操作

（1）对于带手轮的手动球阀，顺时针旋转手轮为关，逆时针旋转手轮为开，开关到位后，将手轮回转 1/4 圈；对于带手柄球阀，手柄与球阀安装方向平行时为开，垂直时为关。
（2）带执行机构的球阀的就地操作方法参照相应执行机构操作。
（3）对于球阀的远程操作，其操作方法参照相应的执行机构操作。

1.1.3　维护与保养

1.1.3.1　球阀的日常维护

（1）阀门如长期存放，阀门应放置在干燥通风的地方，定期进行动作和外观检查，涂抹防锈油，并清除表面污垢和锈蚀。

（2）阀门具有 DBB（双截断和排放）功能，当阀门关闭时，球体两侧的压力通过阀座截断阀腔内的介质压力，阀腔可以排泄（注意：当进行截断和排泄时，应穿戴合适的安全服，而且必须遵循用户的安全规定，违规操作可能会对操作者或他人造成人身伤害）。

（3）阀门的排放装置（排泄阀）有一个排泄孔，操作者应熟知排泄孔的方向，排放时，阀门排泄阀内的任何介质、杂物均会高速喷出。

（4）如有必要，拧紧排泄阀，改变排泄孔的朝向。

注意：禁止阀门处在全开或部分开启的位置进行截断和排泄的操作试验，违规可能会伤害操作者或其他人员。

1.1.3.2　球阀的日常保养

（1）检查阀座注射阀、阀杆注射阀（禁止将清洗剂注入该阀内）、阀体或排泄阀。

（2）确保注脂枪或泵设备可以正常使用，而且使用合适的产品（清洁剂）。

（3）利用阀座的注射通道对每一个阀座注射清洁剂。如果阀门已经进行了第一次养护，而且试用期已超过两年，应按以下的阀门清洁程序执行：

① 确保阀门安全运行、全开、全闭操作阀门 3 次；

② 确保阀门处在准确的位置，清洁阀门的注脂阀；

③ 向阀座的注射通道注入清洁剂，浸泡积聚物和污垢等候 1~6h。

1.1.3.3　球阀的注脂

（1）通过阀杆上的密封脂注入口注入密封脂，由于阀杆 O 形圈的环密封，阀杆部分不会承受管线压力，因此有可能采用标准注脂枪，密封脂注入口的端部直径为 22mm。

（2）阀座配有密封脂注入系统，密封脂通过阀座上的注入口注入阀座，若阀座带压操作，则应根据管线压力选择适当的注脂枪，密封脂注入口的端部直径为 22mm，在阀座上注入密封脂时，球体必须处于全关闭的位置。

（3）如果球阀处于全关闭位置时，检查出阀座已发生泄漏，则利用阀座注射孔，每个阀座注入满容量的标准密封脂，然后阀门做截断和排泄试验。

（4）如果阀门经两次注入密封脂，排泄阀还在不停排泄，则利用阀座注射孔，每个阀座注入一半容量的严重泄漏密封脂（增强级：#5050），做截断和排泄试验。如果阀门排泄阀还在不停排泄，马上与制造商取得联系，请制造商提供以下有用信息：阀门口径、阀门压力级、制造日期、出厂编号（在铭牌可以查得）。

（5）可通过注入密封脂临时抑制或消除阀杆及阀座的泄漏，但是这种临时措施只能用于不必急于更换损坏件时,等到下一次大检修时,必须更换损坏的密封件。

(6)根据需要注入适量的密封脂。

1.1.4 故障与处理

球阀设备的常见故障与处理方法见表 1.1.1。

表 1.1.1 球阀设备的常见故障与处理方法

序号	故障现象	可能的原因	处理方法
1	阀杆填料泄漏	填料压盖松动	压紧填料压盖,勿超过阀门允许的扭矩值
		填料密封是否损坏或磨损	加注密封脂或更换填料密封
2	阀门不动作	阀门两侧压差过大	开阀前,先通过旁通平衡阀前后压力,应尽量使阀门两侧压差减小
		阀体或阀杆有杂质,阀门锈蚀	需要对阀门进行吹扫、除锈并清洗
		阀杆螺钉或螺母太紧	松动阀杆螺钉或螺母;开关阀门;紧固螺钉或螺母到适当的扭矩值
3	注脂阀及排污阀渗漏	阀内钢球、弹簧及密封圈损坏	更换已损坏的零件;安装一个辅助注脂嘴,当管线泄压后,用新注脂嘴替换已损坏的注脂嘴
		注脂嘴存在碎屑	向注脂嘴注入少量润滑脂或清洗液,去除碎屑
4	球阀无法关闭到全关或全开位置	阀体下部积污较多	排除积污
		介质中的水分在阀门底部冻结	适当加温
5	阀门操作困难	阀杆润滑不良	加注润滑脂
		阀门久未开启,阀座和阀体抱死	快速向开启和关闭方向来回转动数次,至阀体内部松动后,再开启或关闭阀门至所需位置
		水分在阀体腔内结冰	适当加温
		管道变形造成约束	消除管道变形的约束
6	阀门内漏	阀门限位不准确	调整阀门限位
		阀门密封件损坏或有杂质	清洗、加注密封脂
7	无法对阀门进行注脂	注脂嘴堵塞	检查并更换注脂嘴
		阀腔内油脂硬化	对阀门进行清洗排污
8	阀座泄漏	阀门未完全关闭	操作阀门至全关位置;关断并排放阀门,确保泄漏已停止
		操作器限位设定不恰当	适当调节操作器限位器;关断并排放阀门,确保泄漏已停止
		阀座环运行不正常	清洗冲刷阀座环
9	齿轮箱进水	齿轮箱各零部件传动阻力大	每年冬季保养时,检查齿轮箱,确保齿轮箱内无水,润滑脂未变质

球阀清洗液（密封脂）使用参考用量见表1.1.2。

表1.1.2 球阀清洗液（密封脂）使用参考用量表

阀门尺寸 /in	CAMERON、SNJ、四川自贡自高等球阀 /oz[①]	GROVE 球阀 /oz	加长杆 /oz	
2	5	—	$1/4$in 加长杆	0.5oz/in
3	7	—	$3/8$in 加长杆	1.3oz/in
4	9	—	$1/2$in 加长杆	2.0oz/in
6	13	3	$3/4$in 加长杆	4.0oz/in
8	17	3		
10	21	4		
12	26	5		
14	30	5		
16	34	7		
18	38	9		
20	43	11		
22	—	11		
24	51	13		
26	—	14		
28	60	14		
30	64	15		
34	—	17		
36	76	18		
40	85	20		
42	89	21		

① 1oz=28.34952g。

1.2 闸　　阀

1.2.1　闸阀的分类

闸阀主要由阀体、阀盖、阀杆、闸板、密封填料及驱动装置等组成。闸阀实物如图 1.2.1 所示。

1.2.1.1　按闸板的构造分类

（1）平行式闸阀：密封面与垂直中心线平行，即两个密封面互相平行的闸阀。平行式闸阀分单闸板和双闸板，以带推力楔块的结构最为常见，即在两闸板中间有双面推力楔块，这种闸阀适用于低压中小口径（DN40～300mm）闸阀。也有在两闸板间带有弹簧的，弹簧能产生预紧力，有利于闸板的密封。

（2）楔式闸阀：密封面与垂直中心线成某种角度，即两个密封面成楔形的闸阀。密封面的倾斜角度一般有 2°52′、3°30′、5°、8°、10° 等，角度的大小主要取决于介质温度的高低。一般工作温度越高，密封面的倾斜角度就越大，以减小温度变化时发生楔住的可能性。在楔式闸阀中，有单闸板、双闸板和弹性闸板之分。单闸板楔式闸阀结构简单、使用可靠，但对密封面

图 1.2.1　闸阀实物图

角度的精度要求较高，加工和维修较困难，温度变化时楔住的可能性很大。双闸板楔式闸阀在水和蒸气介质管路中使用得较多。它的优点是对密封面角度的精度要求较低，温度变化不易引起楔住发生，其密封面磨损时，可以加垫片补偿。但这种结构的零件较多，在黏性介质中易黏结，影响密封。更主要的是，双闸板楔式闸阀的上、下挡板长期使用易产生锈蚀，闸板容易脱落。弹性闸板楔式闸阀既具有单闸板楔式闸阀结构简单、使用可靠的优点，又能产生微量的弹性变形弥补密封面角度加工过程中产生的偏差，从而改善工艺性，现被大量采用。

1.2.1.2　按阀杆的构造分类

（1）明杆闸阀：阀杆螺母在阀盖或支架上，开闭闸板时，用旋转阀杆螺母来实现阀杆的升降。这种结构对阀杆的润滑有利，开闭程度明显，因此被广泛采用。

（2）暗杆闸阀：阀杆螺母在阀体内，与介质直接接触。开闭闸板时，用旋转阀杆来实现阀杆的升降。这种结构的优点是闸阀的高度总保持不变，因此安装空间小，适用于大口径或安装空间受限制的闸阀。这种结构要装有开闭指示器，以指示开闭程度。这种结构的缺点是阀杆螺纹不仅无法润滑，而且直接接受介质侵蚀，容易损坏。

明杆闸阀和暗杆闸阀的结构图如图 1.2.2 所示。

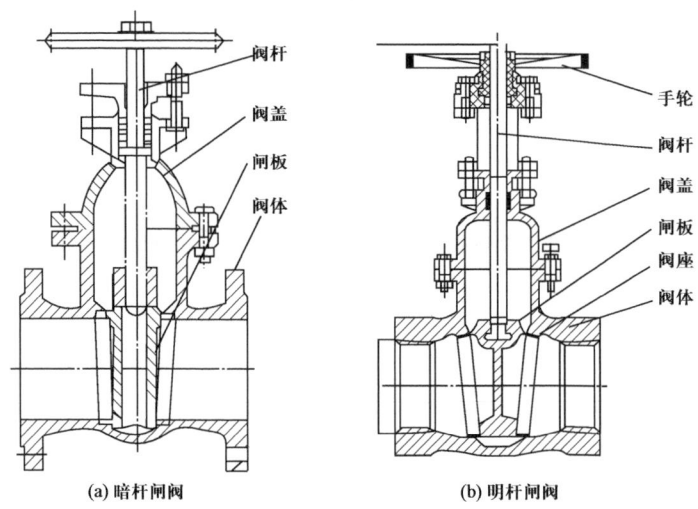

(a) 暗杆闸阀　　　　　　　(b) 明杆闸阀

图 1.2.2　明杆闸阀和暗杆闸阀的结构图

1.2.2　闸阀的优缺点

闸阀的优缺点见表 1.2.1。

表 1.2.1　闸阀的优缺点

优点	（1）流体阻力小； （2）开闭所需外力较小； （3）介质的流向不受限制； （4）全开时，密封面受工作介质的冲蚀比截止阀小； （5）体形比较简单，铸造工艺性较好
缺点	（1）外形尺寸和开启高度都较大，安装所需空间较大； （2）开闭过程中，密封面间有相对摩擦，容易引起擦伤现象； （3）闸阀一般都有两个密封面，给加工、研磨和维修增加一些困难

1.2.3　操作与使用

1.2.3.1　闸阀操作的一般原则

（1）操作闸阀只能在全开或全关位，禁止使用闸阀节流。

（2）阀门操作前，一定要先检查球阀外观是否完好、有无泄漏。

（3）阀门的开关只允许一人手动操作，禁止使用加力杆和多人操作。

（4）阀门开关过程中若发生卡阻，切忌使用蛮力或加力杆强行开关阀门，应排除故障后再进行开关操作。

（5）现场操作或远控操作阀门时，必须有专人在现场监护。

1.2.3.2 手动闸阀阀门操作

（1）操作前应注意检查阀门的开闭标志。

（2）通常情况下，关闭阀门时，手轮（手柄）向顺时针方向旋转，开启阀门时，手轮（手柄）向逆时针方向旋转。

（3）手轮（手柄）直径（长度）小于或等于320mm时，只允许一人操作。

（4）手轮（手柄）直径（长度）大于320mm时，允许多人共同操作，或者借助适当的杠杆（一般不超过0.5m）操作阀门。

（5）操作阀门时，应均匀用力，不得用冲击力开闭阀门。

（6）操作过程中，当关闭或开启到上死点或下死点时，应回转1/2～1圈，以释放阀杆和传动螺母之间的压紧力。

1.2.3.3 闸阀就地操作的一般原则

（1）对于带手轮的手动闸阀，顺时针旋转手轮为关，逆时针旋转手轮为开，开关到位后，将手轮回转1/4圈；对于带手柄闸阀，手柄与闸阀安装方向平行时为开，垂直时为关。

（2）带执行机构的闸阀的就地操作方法参照相应执行机构操作。

1.2.4 维护与保养

（1）阀门如长期存放，阀门应放置在干燥通风的地方，定期（每季度）进行动作和外观检查，涂抹防锈油，并清除表面污垢和锈蚀。

（2）检查阀杆有无泄漏，存在泄漏时可以调整阀杆填料压盖。

（3）阀杆和填料压盖处有沙砾、污物和油漆时应清洁。

（4）阀杆应保持润滑以防止腐蚀，避免影响阀门操作。

（5）在阀杆螺纹处的碎屑可能妨碍阀门关到位。

1.2.5 故障与处理

闸阀的常见故障与处理方法见表1.2.2。

表 1.2.2 闸阀的常见故障与处理方法

序号	故障现象	可能的原因	处理方法
1	阀杆填料泄漏	填料压盖松动	压紧填料压盖
		填料是否损坏或磨损	加注密封脂或更换填料
2	阀门不能实现对上、下游的完全密封（阀体中腔压力无法泄放至低压）	闸板未关闭到全关的位置	将闸板关闭到全关位置
		密封面损坏	更换已损坏的密封元件
		弹性密封元件O形密封圈损坏	更换密封圈

续表

序号	故障现象	可能的原因	处理方法
3	法兰泄漏	螺栓松动	拧紧螺栓
		密封垫片损坏	更换垫片
4	注脂阀及排污阀渗漏	阀内钢球、弹簧以及密封圈损坏	更换已损坏的零件
		螺纹未旋紧	旋紧螺纹
5	闸板无法关闭到全关位置	阀体下部积污较多	排除积污
		介质中的水分在阀门底部冻结	适当加温
6	阀门操作困难	阀杆润滑不良	加注润滑脂
		阀门久未开启，阀座和闸板抱死	快速向开启和关闭方向来回转动数次，至闸板松动后，再开启或关闭阀门至所需位置
		水分在阀体腔内结冰	适当加温
		管道变形造成约束	消除管道变形的约束
7	阀门操作不平稳	轴承润滑不良	加注润滑脂
		传动部件磨损严重或损坏	更换已磨损或损坏的部件
8	阀门通球受阻	闸板未到全开位置	开启到全开位置

1.3 旋塞阀

1.3.1 结构与原理

1.3.1.1 旋塞阀的结构

旋塞阀主要由阀体、旋塞、套筒、填料、阀盖帽、注脂嘴等部分组成，如图1.3.1所示。

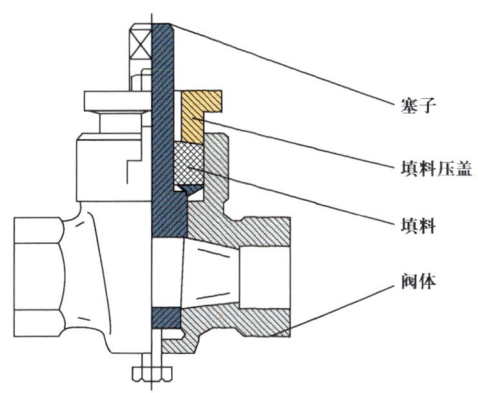

图 1.3.1 旋塞阀内部结构组成

1.3.1.2 旋塞阀的工作原理

逆时针方向旋转塞阀，通孔与管道平行即为开启，顺时针旋转旋塞阀90°，使通孔与管道垂直时即为关闭，如图1.3.2和图1.3.3所示。

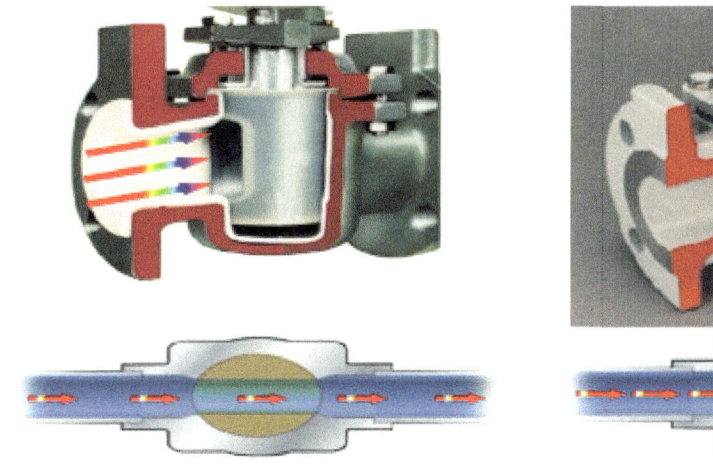

图 1.3.2 旋塞阀全开状态图

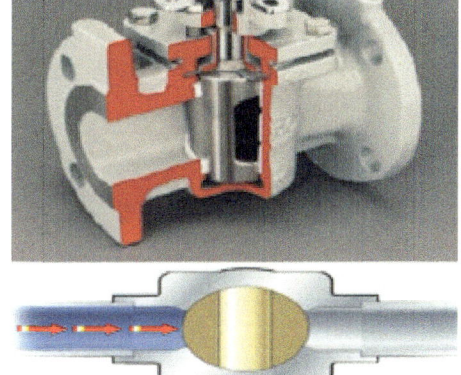

图 1.3.3 旋塞阀全关状态图

旋塞阀可用于节流。在节流工况下，阀芯位于中间位置，流体在阀芯处产生两次压力降。当阀芯旋转到离开全开口位置，入口的流动面积被缩小并产生压力降。流体然后流入阀芯内侧全开口面积内，在此处发生压力还原，随之又在出口处发生一次截流，如图 1.3.4 所示。

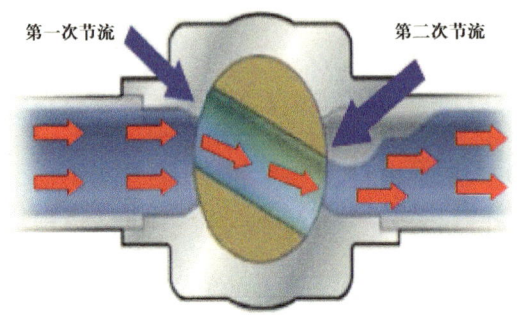

图 1.3.4　旋塞阀的节流工况示意图

1.3.2　操作与使用

1.3.2.1　旋塞阀操作的一般原则

（1）旋塞阀操作前，一定要先检查球阀外观是否完好、有无泄漏。

（2）旋塞阀的开关只允许一人手动操作，禁止使用加力杆和多人操作。

（3）旋塞阀开关过程中若发生卡阻，切忌使用蛮力或加力杆强行开关阀门，应排除故障后再进行开关操作。

（4）用于节流时，旋塞阀可以处于半开位置。

（5）现场操作或远控操作旋塞阀时，必须有专人在现场监护。

1.3.2.2　旋塞阀的就地操作

（1）操作前应注意检查确认阀门开/关标志及状态，然后操作阀门。

（2）通常情况下，关闭阀门时，手轮（手柄）向顺时针方向旋转，开启阀门时，手轮（手柄）向逆时针方向旋转。

1.3.2.3　旋塞阀的远程操作

操作前确认阀门处于远控状态，检查阀门开/关状态，然后操作阀门。

1.3.3　维护与保养

1.3.3.1　旋塞阀的日常维护

（1）保持阀体及附件的清洁，及时对阀体和螺栓的锈蚀、脱漆等进行修复。

（2）旋塞阀支架、法兰等螺栓连接部位应紧固。

（3）旋塞阀基础及支撑无下沉和损坏。

（4）阀门无"跑、冒、滴、漏"现象。

1.3.3.2 旋塞阀注脂

旋塞阀注脂的相关事项见表 1.3.1。

表 1.3.1 旋塞阀注脂的相关事项

注脂频率	注脂型号	注意事项
（1）大约启/闭10次； （2）大约间隔6个月； （3）当出现操作困难时； （4）当出现内漏时； （5）出厂后时间超过12个月的，以日期先到的为准	使用 Serck Audco 生产的 733 密封脂，其适用于环境 −15℃ 至 250℃，对于短期放空导致的低温，可以不考虑其对 733 密封脂的影响	（1）请勿使用其他厂家或型号的密封脂； （2）请勿使用清洗剂对旋塞阀做清洗

每年 1 月、4 月、7 月、10 月初对旋塞阀门进行开关活动，检查阀门开关的灵活性、是否能开关到位。旋塞阀注脂用量见表 1.3.2。

表 1.3.2 旋塞阀注脂用量表

阀门尺寸/in	1/2	3/4	1	3/2	2	3	4	6	8	10	12	14
密封脂用量/oz	1/2	1/2	1	1	3	4	5	9	11	14	17	32
阀门尺寸/in	16	18	20	22	24	26	28	30				
密封脂用量/oz	40	56	72	80	88	96	—	112				

注：换算标准：1lb=16oz=0.45359237kg。

1.3.4 故障与处理

1.3.4.1 开关操作困难

（1）原因分析：旋塞阀操作困难并非是因为旋塞和阀体配合过紧，而是旋塞表面严重缺少密封脂，导致旋塞表面失去润滑。

（2）控制措施：此时应一边加注密封脂，一边开关阀门，会发现旋塞阀开度越来越大，如开始只能打开 50°，来回两三次后，逐渐可以 90°正常开关。完全正常操作之后，再继续加注一些密封脂进行巩固，保证旋塞表面充分润滑。

1.3.4.2 阀门内漏

（1）原因分析：这说明旋塞表面的密封脂不足，应加入密封脂保证旋塞表面密封脂的充分分布。

（2）控制措施：在极个别时候，在升压直至稳压后，旋塞大约需要 2min 的自我调整，旋塞平移到低压端，让整个旋塞面贴紧阀体内表面，实现真正密封。所以，2min 内的内漏不代表阀门密封不严。如果充分注脂之后仍然不能解决内漏，检查底部中央的调整螺丝是否松动，例如 12in Class600/Class900 阀门的调整螺丝，扭矩应为 475N·m。调整螺丝松动的原因是旋塞阀在运输途中受到强烈颠簸,旋塞撞击阀盖,阀盖周围的紧固螺丝松动。加紧调整螺丝 1/4~2/3 圈之后,可恢复良好性能。这种状况对于 10in 以上阀门较明显。

1.3.4.3 阀门底部阀盖的轻微外漏

(1)原因分析:旋塞阀在运输途中受到强烈颠簸,旋塞撞击阀盖,阀盖周围的紧固螺丝松动。

(2)控制措施:加紧螺丝之后可恢复良好性能。这种状况对于 10in 以上阀门较明显,应尽可能在漏点附近紧螺丝。

1.3.4.4 阀杆或阀杆以上部位的轻微外漏

(1)原因分析:杆填料不足。

(2)控制措施:加注填料即可解决此问题。把填料小段放入填料止回阀,然后缓慢拧紧填料螺丝,使得填料往里推进。该过程可以重复。尽量多次地加注充分的填料,加注时动作缓慢,有利于填料充分流入阀杆周围。加注时用另一只扳手夹紧填料止回阀,以免因受力不匀被拧断。最后,填料螺丝留 3 扣左右螺纹在外面即可。

有时填料无法继续加入,但是介质通过阀杆时还在外漏。这时可转动阀门,阀杆的转动将使得周围的填料更充分地分布,有利于完全密封。

关于旋塞阀的风险提示见表 1.3.3。

表 1.3.3 旋塞阀的风险提示

序号	风险源	存在风险	控制措施	备注
1	误操作阀门	(1)介质泄漏; (2)介质互窜; (3)设备超压	(1)严格按照操作规程操作; (2)确认阀门工艺开关状态,按照正常次序进行操作; (3)严格按照操作规程操作	
2	阀门注脂	密封脂型号不符,误对阀门进行清洗造成阀门失效	(1)注脂前需对密封脂进行检查,确认密封脂型号、有效期限; (2)不对旋塞阀阀座进行清洗	
3	阀门不长期动作	阀门卡死	严格执行旋塞阀的日常维护管理	
4	维检修	误动阀底调整螺丝,造成阀门内漏	调整阀门底部螺丝需咨询厂家意见,调整需进行记录	

1.3.5 应急处置

(1)事故发生时,对事故点上下游进行关断并放空,对该位置进行隔离。

(2)当事人或现场人员发现事故发生后,首先利用各种通信方式报告值班领导,并依据现场情况启动相应的应急预案，指挥现场事故处理工作。

（3）值班领导应立即通知相关单位对现场进行抢救，并向上级有关部门汇报情况，同时向医院打抢救电话，使医务人员尽快赶赴现场施救。

（4）现场抢救完成后，值班领导组织人员恢复正常生产。

1.4 蝶 阀

1.4.1 结构与原理

1.4.1.1 蝶阀的结构

蝶阀是以蝶板作为关闭件的阀门。蝶阀主要由阀体、阀杆、蝶板和密封圈等零件组成，属 90°开关切断阀。它借助手柄或驱动装置在阀杆上端施加一定的转矩传递给蝶板，使蝶板与阀体通道中心线重合或垂直，实现全开或全关动作。蝶阀的主要功能是切断和接通管道中的流体，也可用于调节管路流量。蝶阀的主要特点是结构紧凑合理、操作扭矩较小、启闭迅速灵活、流阻小、流量系数大且维护使用方便。蝶阀的具体特点有以下几方面。

（1）结构简单，外形尺寸小。由于蝶阀的结构紧凑，结构长度短，体积小，重量轻，适用于大口径的阀门。

（2）流体阻力小。全开时，阀座通道的有效流通面积较大，因而流体阻力较小。

（3）启闭方便迅速，调节性能好。蝶板旋转 90°即可完成启闭，通过改变蝶板的旋转角度可以分级控制流量。

（4）启闭力矩较小。由于转轴两侧蝶板受介质作用基本相等，而产生转矩的方向相反。因而启闭较省力。

（5）低压密封性能好。蝶阀的密封面材料一般采用橡胶、塑料，故其密封性能好。受密封圈材料的限制，蝶阀的使用压力和工作温度范围较小，但硬密封蝶阀的使用压力和工作温度范围都有了很大提高。

手动蝶阀结构示意图如图 1.4.1 所示，电动蝶阀实物图如图 1.4.2 所示。

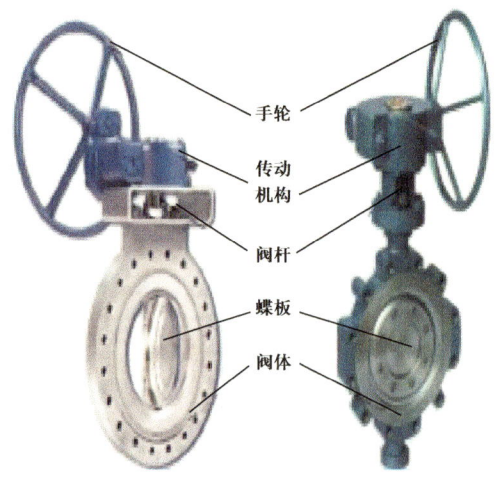
图 1.4.1 手动蝶阀结构示意图

图 1.4.2 电动蝶阀实物图

1.4.1.2 蝶阀的工作原理

蝶阀是一种在阀体内绕固定轴旋转而达到开启或关闭目的的阀门，蝶阀的蝶板安装于管道的直径方向。在蝶阀阀体圆柱形通道内，圆盘形蝶板绕着轴线旋转，旋转角度为 0°～90°，旋转 90° 时，阀门即显示全开状态。

1.4.1.3 蝶阀的分类

蝶阀的划分如图 1.4.3 所示。

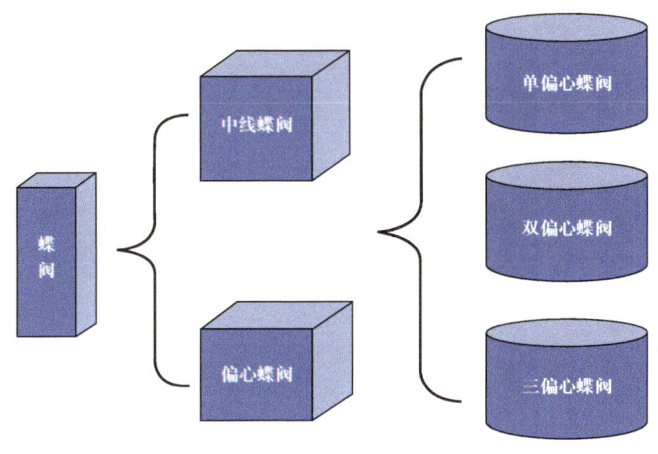

图 1.4.3　蝶阀的分类

1.4.1.3.1 中线蝶阀

中线蝶阀的蝶板的回转中心（阀杆的中心）位于阀体的中心线和蝶板的密封面截面上。阀座采用合成橡胶。蝶阀关闭时，蝶板的外圆密封面挤压合成橡胶阀座，使阀座产生弹性变形，从而形成弹性力作为密封比压，保证蝶阀的密封。该阀可设计成法兰连接、对夹连接和单夹连接。同杆可设计成通杆，穿销钉和两节杆为六方头连接结构。蝶板形式如图 1.4.4 所示。

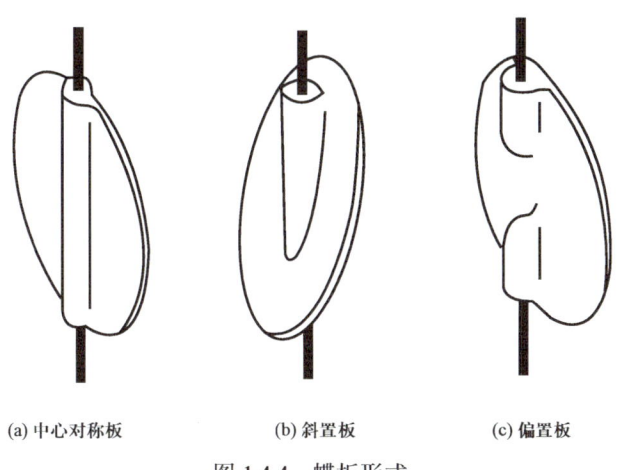

图 1.4.4　蝶板形式

1.4.1.3.2 单偏心蝶阀

（1）单偏心蝶阀即蝶板的回转中心（阀杆中心）位于阀体中心线上，且与蝶板密封截面形成一个偏置尺寸。

（2）使蝶板与阀座上的密封面形成一个完整的圆，加工时易保证蝶板与阀座的表面粗糙度。关闭蝶阀时，蝶板的外圆密封表面逐渐接近并挤压阀座，使阀座产生弹性变形，形成的弹性力作为密封比压，保证密封。阀座应为软质密封材料，以聚四氟乙烯为最佳。该阀全开时，蝶板与阀座密封面间形成一个间隙。蝶板结构如图1.4.5所示。

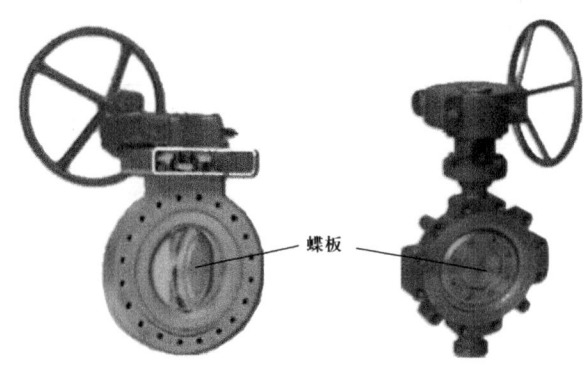

图1.4.5　蝶板结构图

1.4.2　操作与使用

电动蝶阀有手动、电动两种工作方式。

（1）操作前检查阀门传动部分及内腔是否存在无阻卡现象。

① 操作手动蝶阀时，应均匀用力，不得用冲击力开闭蝶阀；

② 操作时应注意检查手动蝶阀的开闭标志；

③ 开阀：逆时针方向旋转手轮或手柄；

④ 关阀：顺时针方向旋转手轮或手柄；

⑤ 当蝶阀关闭或开启到上死点或下死点时，应回转1/2~1圈。

（2）操作方法参照相应的执行机构。

1.4.3　维护与保养

（1）每6个月检查一次轴端，如有泄漏，应及时更换轴端；

（2）电动装置拆卸维修后，应重新将其转矩限制在机构给定的转矩范围内。

1.4.4　故障与处理

对于蝶阀，可能发生的故障与相应的处理方法见表1.4.1。

表 1.4.1 蝶阀的常见故障与处理方法

可能发生的故障	发生故障的原因	处理办法
填料处的外漏	（1）填料过期或老化； （2）压盖螺栓未拧紧	（1）更换填料； （2）均匀拧紧压盖螺栓
端盖渗漏	（1）螺栓未拧紧； （2）O形圈损坏	（1）拧紧螺栓； （2）更换O形圈
密封面渗漏	（1）阀门安装方向与介质流向不符； （2）关闭不到位； （3）密封面有积垢； （4）密封面损伤	（1）注意安装检查； （2）重新调整执行机构上的螺钉，关严到位； （3）清理积垢； （4）重新研磨，修补密封面
电动装置转动不灵活或阀门不启闭	（1）填料压得过紧； （2）填料压盖紧固倾斜； （3）过渡装置损坏	（1）适当放松填料压盖； （2）校正压盖垂直度； （3）更换过渡装置
启闭终点电动机不停或启闭不到终点	（1）极限开关失灵或过载保护装置不准； （2）极限开关动作过早或过迟	（1）更换极限开关或调整过载装置； （2）调整极限开关
阀门两端面泄漏	（1）两侧密封垫片失效； （2）管法兰压紧力不均，未压紧； （3）上、下密封圈失效	（1）更换密封垫片； （2）压紧法兰螺栓（均匀用力）； （3）卸下阀门的压板圈，更换密封圈的失效垫片

1.5 节流截止阀

1.5.1 结构与原理

1.5.1.1 截止阀的结构

截止阀主要由球体、阀体、笼形阀套、阀套节流孔、阀芯、阀芯平衡孔、阀杆、储渣槽、压环、O 形圈、阀盖、O 形密封圈、执行机构等组成，如图 1.5.1 所示。

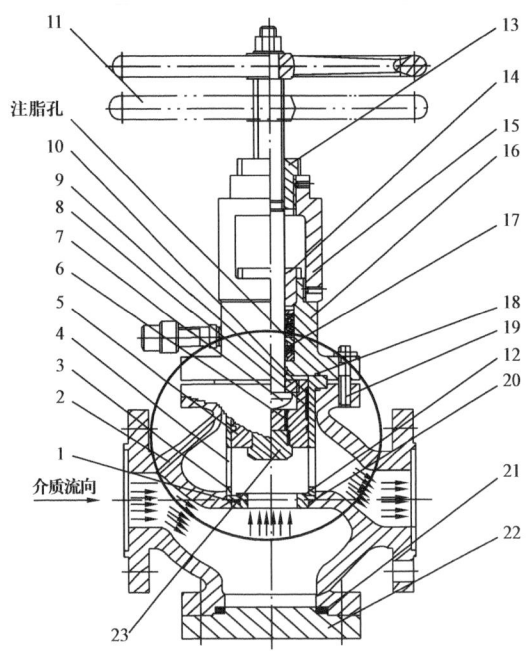

图 1.5.1 节流截止阀的内部结构组成

1—阀座；2—阀体；3—阀芯套；4—阀套节流孔；5—阀芯；6—阀芯平衡孔；7—阀杆；8—储渣槽；9—压环；10—O 形圈；11—手轮；12—O 形密封圈；13—螺套；14—密封压帽；15—支架；16—上盖；17—填料；18—O 形圈；19—螺栓；20—O 形圈；21—O 形圈；22—下盖；23—缓压轴

1.5.1.2 截止阀的工作原理

节流截止阀采用阀座喷嘴、笼形阀套迷宫轴结构，具有多级节流功能，节流压差大。节流截止阀的喷嘴装置在阀座下端，阀芯设置有平衡孔，阀芯套开设有节流孔。阀芯与阀座采用硬、软双质密封副，把密封部位与节流部位分开，形成前、后三级节流，提高了节流能力和阀门密封的可靠性。节流截止阀的关闭状态和开启状态如图 1.5.2 所示。

（1）节流状态：当阀芯在阀杆提升作用下上移打开阀芯套节流孔时，流体首先被喷嘴和迷宫轴节流后进入阀座内腔，再通过阀芯套开孔部位与阀芯端部的圆柱面形成的节流孔排出。在节流过程中，大部分压力加在喷嘴和迷宫轴上，小部分压力加在阀芯套节流孔上，高速流体主要冲刷喷嘴和迷宫轴，而耐冲刷的迷宫节流轴结构采用陶瓷，耐磨损、耐冲刷、使用寿命长。即使喷嘴或迷宫轴有磨损，也并不影响阀门的节流和密封性能。

（2）双质密封：双作用式节流截止阀除阀座密封面堆焊有硬质合金、阀芯上堆焊硬质合金外，增设有软质密封部件，阀芯在阀杆推力作用下及平衡孔介质反作用力压迫下，紧贴在阀座硬软双质密封副上，形成双质密封，保证了高压气体介质"零泄漏"的使用要求。

 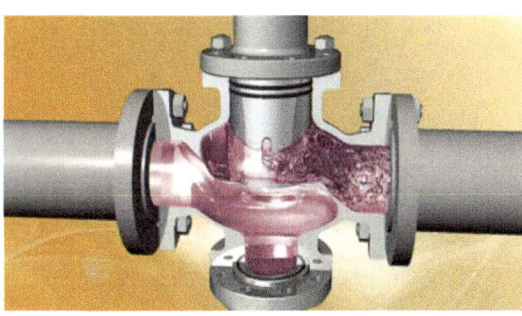

(a) 关闭状态　　　　　　　　　(b) 开启状态

图 1.5.2　节流截止阀的关闭状态和开启状态

1.5.1.3　截止阀的优缺点

截止阀的优缺点见表 1.5.1。

表 1.5.1　截止阀的优缺点

优点	（1）在开闭过程中，密封面的摩擦力比闸阀小，耐磨； （2）开启高度小； （3）通常只有一个密封面，制造工艺好，便于维修
缺点	（1）开闭力矩较大，结构长度较长； （2）一般公称通径都限制在 DN≤200mm 以下； （3）截止阀的流体阻力损失较大； （4）不适用于带颗粒、黏度较大、易结焦的介质，调节性能较差

1.5.2　操作与使用

（1）操作截止阀门时，应缓开缓关，确保阀门在全开或全关位置工作。

（2）通常情况下，关闭阀门时，手轮（手柄）向顺时针方向旋转，开启阀门时，手轮（手柄）向逆时针方向旋转。

（3）手轮直径不大于 320mm 时，只允许一人操作。

（4）手轮直径大于 320mm 时，最多允许 4 人共同操作，或者 2 人借助适当的杠杆（长度不应超过 0.5m）进行操作，严禁强行对阀门进行开关操作，以免损坏阀门各部件。

（5）操作阀门时，应均匀用力，不得用冲击力开闭阀门。

（6）在操作截止阀的过程中，当关闭或开启到上死点或下死点时，应回转 1/2～1 圈手轮。

1.5.3 维护与保养

1.5.3.1 截止阀的日常维护

（1）保证阀体的卫生清洁。
（2）做好阀门的防腐保温工作，防止阀体腐蚀和出现冰堵。
（3）检查阀门填料压盖、阀盖及阀门法兰等连接处有无渗漏。
（4）检查阀门手轮是否松动，支架和各连接处的螺栓是否紧固。

1.5.3.2 截止阀的周期保养

（1）每年 11～12 月冬季保养期间，对阀门"全开—全关"一次。
（2）每年 11～12 月冬季保养期间，进行阀门排污、阀杆润滑保养。
（3）清洁并润滑丝杆、螺栓。

1.5.4 故障与处理

1.5.4.1 常见故障

节流截止阀的常见故障与处理方法见表 1.5.2。

表 1.5.2 节流截止阀的常见故障与处理方法

常见故障	故障原因	处理方法
阀杆填料泄漏	填料压盖松动或填料损坏	缓慢压紧填料压盖，直至阀杆不泄漏；给阀杆注脂孔加注密封脂或更换阀杆填料
阀门通流能力减小或阀门被堵死	阀门内部脏物太多	拆除阀芯，将截止阀内部堵塞脏物清理干净
阀门阀体渗漏	阀体腐蚀产生小孔	在小孔处攻丝，然后用丝堵堵漏
	阀体铸造质量不好导致破裂	更换阀门
阀门操作困难	填料压得太死	稍微松开填料压盖螺栓
	阀杆润滑不良	快速向开启和关闭方向来回转动数次，至阀杆松动后，再开启或关闭阀门至所需位置
	阀门丝杆上有脏物	解体阀门，清洁阀门丝杆
	阀杆弯曲变形	更换阀杆或直接更换阀门
	水分在阀体腔内结冰	对阀门适当加温，将冰融解
	管道变形造成约束	纠正管道变形处，消除管线约束
阀门关不严	阀芯底部有杂质	打开排污口排除下部积污，必要时对阀门进行冲洗
	截止阀密封面磨损	拆卸阀门，对阀芯密封面进行修整

1.5.4.2 风险识别

节流截止阀的风险识别见表 1.5.3。

表 1.5.3 节流截止阀的风险识别

序号	风险源	存在风险	控制措施
1	阀门长期不动作	阀门开关困难	定期对长期不动作的阀门进行开关动作和注入润滑脂
2	密封件损坏	介质外漏，导致火灾、爆炸	加强巡检，发现介质外漏，立即切换流程处理故障
3	维检作业	（1）人员滑跌； （2）工具伤人； （3）机械伤害	（1）及时清理冰雪、油污，设置警示牌，铺设防滑垫，严禁违章攀爬穿越； （2）正确使用工具； （3）正确站位，按规程操作
4	误操作	（1）介质泄漏； （2）介质互窜； （3）设备超温超压	（1）解决现场泄漏，严格按照工艺操作规程操作； （2）确认阀门工艺开关状态，按正常次序进行操作，严格按照工艺操作规程操作
5	注脂嘴损坏	介质泄漏，导致火灾爆炸及环境污染	（1）加强巡检； （2）立即切换流程处理故障

1.6 止 回 阀

1.6.1 结构与原理

1.6.1.1 轴流式止回阀的结构

轴流式止回阀主要由阀体、阀芯、阀套、弹簧等组成（图1.6.1），其中，阀芯由阀瓣和阀轴组成，并由阀体上的支承和阀套支撑定位，在介质作用下平动，实现阀门的开启和止回。各个输油气企业目前均使用这种形式的止回阀。

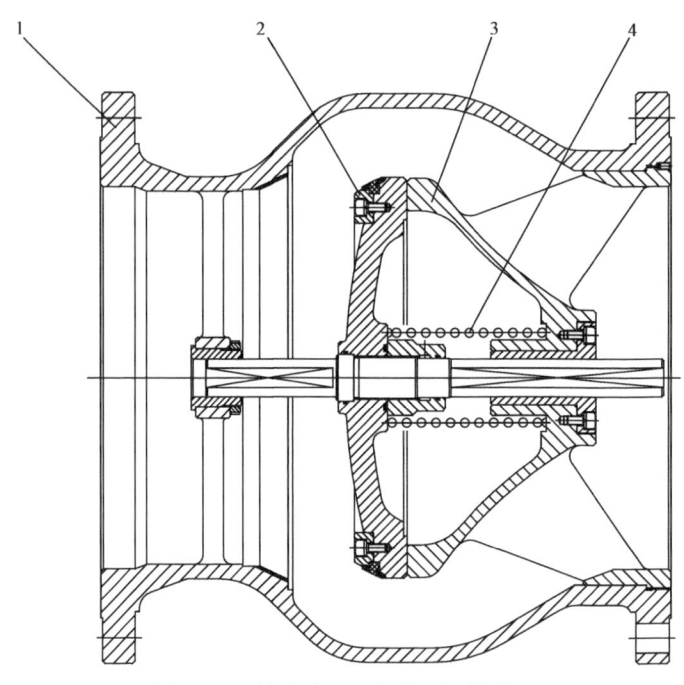

图 1.6.1 轴流式止回阀的平面结构图
1—阀体；2—阀芯；3—阀套；4—弹簧

1.6.1.2 轴流式止回阀的工作原理

轴流式止回阀主要安装在压缩机、泵等装置的出口管线或不允许介质倒流的管线上，是防止介质回流的保护装置。当轴流式止回阀输送介质时，阀芯在介质力作用下向右平移，阀门开启，弹簧压缩，当阀芯平移到与阀套接触时停止，此时阀芯与阀体密封面间的距离为阀门的开启量。当轴流式止回阀停止输送介质时，阀芯在介质和弹簧的作用下向左平移，当阀芯上的密封圈平移到与阀体密封面接触时，由于此接触为弹性接触，阀门无噪声，阀芯在介质力的作用下紧贴阀体密封面，阀门关闭，实现止回。轴流式止回阀的工作原理示意图如图1.6.2所示。

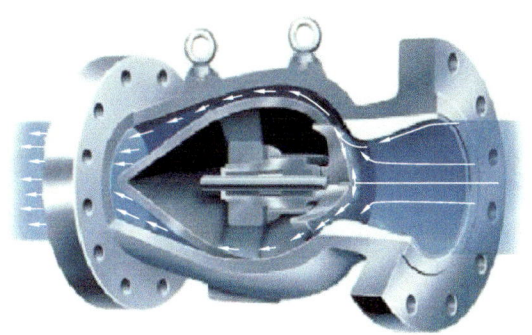

图 1.6.2　轴流式止回阀的工作原理示意图

1.6.2　操作与使用

止回阀是自动阀门,无需借助外力操作,依靠管路内介质的能量,即可使止回阀动作。当管路中的介质正向流动时,阀瓣开启,使介质通过。反之,管路中的介质反向流动时,阀瓣就会关闭,达到防止介质倒流的目的。

1.6.3　维护与保养

(1)止回阀应存放于干燥通风的室内,不允许露天存放。止回阀的两端通道口用封头封堵,以防杂物进入。

(2)长期存放的止回阀应定期检查,清除内腔污物,并在加工表面上涂黄油。

(3)管路上安装运行的在役止回阀应定期检查运行是否正常,发现小故障应及时排除,如有较大故障,应拆下进行维修。检修装配后的止回阀应重新进行密封试验。排除故障及检修情况应有详细记录。

(4)阀门在带压运行状态下时,不允许对阀门进行焊接维修,不允许随意拆除、更换阀门零件。

1.6.4　故障与处理

止回阀的常见故障与处理方法见表 1.6.1。

表 1.6.1　止回阀的常见故障与处理方法

故障	发生原因	处理方法
内漏	(1)密封面附着污物; (2)密封面因水力冲击而损坏	(1)消除阀瓣和阀座密封面上的污物,用煤油清洗干净; (2)重新加工阀瓣和阀座,或者更换密封件
外漏	阀体与阀盖连接处外漏: (1)连接螺栓紧固不均匀或预紧力不足; (2)法兰密封面损坏; (3)垫片安装偏歪错位、垫片破损或使用过久已失效	(1)均匀地拧紧阀体与阀盖处的连接螺栓螺母; (2)重新加工修整法兰密封面; (3)更换新垫片并正确安装

1.6.5 风险提示

止回阀的风险提示见表1.6.2。

表1.6.2　止回阀的风险提示

序号	风险源	存在风险	控制措施	备注
1	未按照阀门介质流向标识进行阀门安装	（1）输送工艺受阻；（2）介质回流	严格按照止回阀介质流向标识进行安装	
2	止回阀安装前未进行开启试验	阀门在线运行不能正常开启	阀门安装前应对阀门进行开启试验，取下阀门内对阀瓣进行固定的装置	

1.6.6 应急处置

（1）事故发生时，暂停工艺输送流程，故障解决后再进行工艺流程恢复。

（2）当事人或现场人员发现事故发生后，首先利用各种通信方式报告值班领导，并依据现场情况启动相应的应急预案，指挥现场事故的处理工作。

（3）值班领导应立即通知相关单位对现场进行抢救，并向上级有关部门汇报情况，同时向医院拨打抢救电话，使医务人员尽快赶赴现场施救。

（4）现场抢救完成后，值班领导组织人员恢复正常生产。

1.7 阀套式排污阀

1.7.1 结构与原理

1.7.1.1 阀套式排污阀的结构

阀套式排污阀是一种排污截止阀，采用阀座浮动连接，排污部位设在阀套断开部位，设有平衡孔调节软密封副变形量，具有耐冲击、排污性能好、寿命长、通用化程度高、节能效果明显等优点（图1.7.1）。阀套式排污阀主要应用在过滤分离器、部分汇管、收发球筒等的排污工艺中，在场站的工艺排污操作过程中起到了重要作用。阀套式排污阀的结构如图1.7.2所示。

图1.7.1 阀套式排污阀

1.7.1.2 阀套式排污阀的工作原理

阀套式排污阀主要通过阀芯的上下运行改变阀门开度。开阀时，阀芯缓慢开启，阀芯密封面与阀座密封面有一定空间距离时，气体和杂质一同经过节流轴、套垫窗口、阀套窗口节流后，由阀套排污窗口排出。嵌在阀芯内腔的软密封面利用进口介质流道方向与介质流道出口方向改变产生的涡流，实现自清扫，使软密封面不黏附杂质。

（1）关闭状态。

嵌在阀芯内腔的聚四氟乙烯端面紧压在阀座端面形成第一道软密封；阀芯硬密封副内腔锥面压在阀座凸台锥面上形成第二道硬质密封。在软密封弹性变形的同时，硬软双质密封保证介质"零泄漏"。

（2）节流排污状态。

阀芯硬软双质密封副离开阀座一段行程后，即阀芯密封面与阀座密封面有一定空间距离时，阀门缓慢开启，管道中的介质、杂质一同经过节流轴、套垫窗口、套垫窗口节流后，由阀套排污窗口排污。嵌在阀芯内腔的软密封面利用进口介质流道方向与介质流道方向改变产生的涡流，实现自我清扫，使软密封面不黏附杂质。

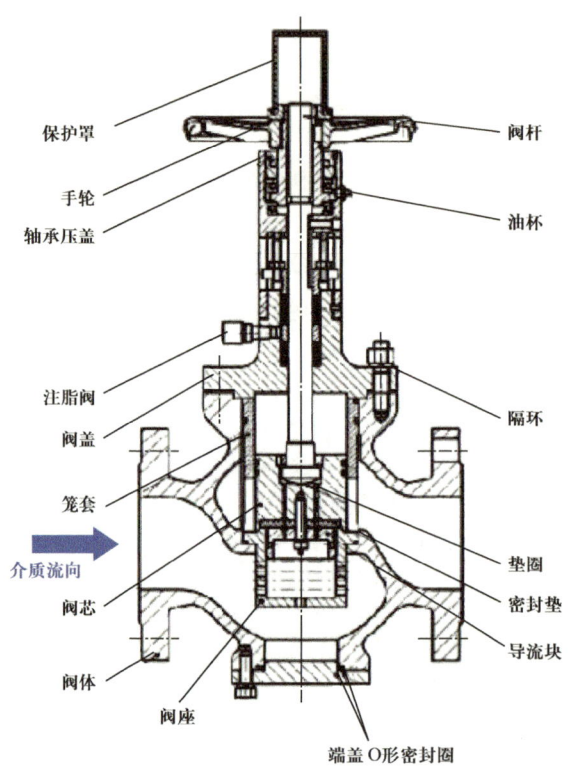

图 1.7.2 阀套式排污阀结构图

（3）全开状态。

阀芯向上移动至全开位置，此时，介质压力已经大大降低，大量杂质可直接从阀套节流孔处排出，并在倒置的密封座处形成涡流，不断清洁密封面，放置杂质黏附在密封。

1.7.1.3 阀套式排污阀的优点

阀套式排污阀的优点见表 1.7.1。

表 1.7.1 阀套式排污阀的优点

优点	节流效果明显、密封可靠、操作维护方便
	力矩小，操作简便，易实现快速启闭
	结构简单、密封性好，而且体积小、重量轻、材料耗用少、安装尺寸小
	耐腐蚀、抗冲蚀、使用寿命长

1.7.2 操作与使用

阀套式排污阀操作与使用的一般原则有以下几方面。

（1）阀门操作前，一定要先检查阀门外观是否完好、有无泄漏。

（2）阀门的开关只允许一人手动操作，禁止使用加力杆和多人操作。

（3）阀门开关过程中若发生卡阻，切忌使用蛮力或加力杆强行开关阀门，应排除故障后再进行开关操作。

（4）现场操作或远控操作阀门时，必须有专人在现场监护。

（5）阀门在使用中如出现内漏，可通过旋转手轮连续启闭几次，让介质吹扫阀芯、阀座密封面，保证密封面清洁，再投入使用。

（6）使用过程中，如阀芯软密封垫损坏，可拆下上阀盖螺栓，取出阀芯总成，松开阀芯底端软密封垫紧固螺钉，换上新的软密封垫，装好后即可满足使用要求。更换软密封垫后的排污阀的节流、降压、排污性能恢复如初。

1.7.3 维护与保养

阀套式排污阀使用的维护保养有以下两方面。

（1）阀门应每3个月注1次密封脂，每月开关一次阀门，并定期在阀杆与螺套梯形螺纹处加注润滑脂（厂家建议密封脂型号为7903）；

（2）当排污阀出现泄漏，应进行拆卸检查，同时注意阀芯上的O形圈、阀芯底端内腔的聚四氟乙烯垫是否损坏，若有损坏则须更换。

1.7.4 故障与处理

阀套式排污阀的常见故障与处理方法见表1.7.2。

表1.7.2 阀套式排污阀的常见故障与处理方法

序号	故障现象	可能原因	处理方法
1	阀瓣和阀座密封面间内漏	（1）密封面有污杂物黏附； （2）密封面磨损、冲蚀损坏； （3）关闭力矩过大，使阀瓣受力变形	（1）开启阀门，冲出密封面上的脏污； （2）重新研磨密封面进行堆焊，加工密封面至达到要求； （3）更换阀瓣
2	阀杆填料处渗漏	（1）填料压盖未压紧； （2）填料磨损； （3）阀杆与填料接触的表面受到损坏	（1）可均匀地将填料压盖的螺母拧紧； （2）适当增加填料； （3）修磨阀杆表面或更换阀杆
3	阀杆升降不灵活	（1）填料压盖未压紧； （2）填料压盖斜歪； （3）转动部位有夹杂物； （4）阀杆与阀杆螺母上有损坏； （5）阀杆弯曲	（1）适当放松填料压盖； （2）校正填料压盖； （3）清除夹杂物，涂润滑脂； （4）修整螺纹或更换阀杆与阀杆螺母； （5）校正或更换阀杆
4	手轮转动，但阀杆不动作	支架上的防转销损坏	更换防转销

1.8 弹簧式安全阀

1.8.1 结构与原理

1.8.1.1 弹簧式安全阀的结构

弹簧式安全阀指依靠弹簧的弹性压力而将阀的瓣膜或柱塞等密封件闭锁,一旦压力容器的压力异常,产生的高压将克服安全阀的弹簧压力,闭锁装置被顶开,形成了一个泄压通道,将高压泄放掉。根据阀瓣开启高度的不同,弹簧式安全阀又分为全起式和微起式两种。全起式的泄放量大,回弹力好,适用于液体和气体介质,微起式只适用于液体介质。

1.8.1.2 弹簧式安全阀的工作原理

弹簧式安全阀是利用安全阀中的弹簧被压缩后产生的弹力将阀芯压紧在阀座上,使压力保持在允许范围之内。当作用于阀芯底部的力大于弹簧作用在阀芯上部的弹力时,弹簧就被压缩,使阀芯被顶起离开阀座,气体通过阀芯与阀座之间的间隙向外排泄;当作用于阀芯底部的力小于弹簧作用在阀芯上部的弹力时,弹簧就伸长,使阀芯与阀座重新紧密结合,气体停止排泄。

弹簧式安全阀的整定压力是通过拧紧或放松调整螺杆来调节的。拧紧调整螺杆,弹簧被压缩,弹力增加,作用于阀芯上的压力也就增大,安全阀整定压力被调高;反之,放松调整螺杆,弹簧被放松,弹力减小,作用于阀芯上的压力也就减小,安全阀整定压力被调低。

弹簧式安全阀的结构如图 1.8.1 所示,其优缺点见表 1.8.1。

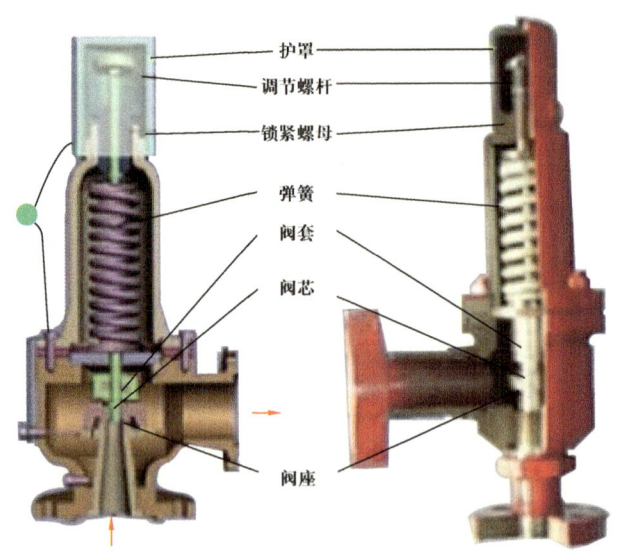

图 1.8.1 弹簧式安全阀的结构

表 1.8.1 弹簧式安全阀的优缺点

优点	（1）结构紧凑，体积小，动作灵敏； （2）对振动不太敏感，可以装在移动式容器上
缺点	阀内的弹簧受高温影响时，弹性有所降低

1.8.2 操作与使用

1.8.2.1 弹簧式安全阀的清洗操作

（1）关闭安全阀上游阀门。

（2）打开安全阀（或其他放空处），使安全阀上流管段泄压放空。

（3）卸开阀顶护罩，松开固定螺母，然后松开调节螺丝，以卸去对弹簧的压力。

（4）卸开阀盖，对其各部分进行清洗。

（5）清洗时检查阀芯与阀座的光滑度、洁净度，以确保密封性能。

（6）清洗检查后，装好各部件，装上间盖。

1.8.2.2 弹簧式安全阀的重新调试操作

（1）安全阀的调试必须由有资质的单位执行。

（2）关闭放空阀或其他放空处。

（3）缓开安全阀上流阀门。

（4）旋转调节螺丝以压紧（或松开）弹簧，使阀瓣恰好在要求的放散压力时打开，放散压力设定为额定压力的 1.05~1.15 倍。

（5）设定好放散压力后，使安全阀放散 3 次，检查其放散压力和阀座密封情况，要求安全阀动作灵敏、准确。

（6）调试完后，固定好锁紧螺母，套上护罩。

1.8.3 维护与保养

（1）检查安全阀各连接处是否漏油，以及螺栓、螺母是否松动。

（2）检查安全阀上游阀门的开关状态是否正确。

（3）检查安全阀铅封是否完好。

（4）定期对安全阀进行清洁维护。

（5）定期对安全阀进行校验。

1.8.4 故障与处理

弹簧式安全阀的常见故障与处理方法见表 1.8.2。

表 1.8.2　弹簧式安全阀的常见故障与处理方法

序号	故障现象	可能原因	处理方法
1	泄漏	（1）阀瓣与阀座密封面之间有脏物； （2）密封面损伤； （3）阀杆弯曲、倾斜或杠杆与支点偏斜，使阀芯与阀瓣错位； （4）弹簧弹性降低或失去弹性	（1）提升扳手将阀开启几次，把脏物冲去； （2）采用研磨或车削后研磨的方法对密封面加以修复； （3）应重新装配或更换阀杆； （4）更换弹簧，重新调整开启压力
2	到规定压力时不开启	（1）定压不准； （2）阀瓣与阀座黏住； （3）杠杆式安全阀的杠杆被卡住或重锤被移动	（1）应重新调整弹簧的压缩量或重锤的位置； （2）定期对安全阀做手动放气或放水试验； （3）重新调整重锤位置，并使杠杆运动自如
3	不到规定压力时开启	（1）定压不准； （2）弹簧老化，其弹力下降	（1）适当旋紧调整螺杆； （2）更换弹簧
4	排气后压力继续下降	（1）安全阀排量小于设备的安全泄放量； （2）阀杆中线不正或弹簧生锈； （3）排气管截面不够	（1）重新选用合适的安全阀； （2）应重新装配阀杆或更换弹簧； （3）采用符合安全排放面积的排气管
5	阀瓣频繁跳动或振动	（1）弹簧刚度太大； （2）调节圈调整不当，使回座压力过高； （3）排放管道阻力过大，造成过大的排放背压	（1）改用刚度适当的弹簧； （2）重新调整调节圈位置； （3）减小排放管道阻力
6	排放后阀瓣不回座	弹簧弯曲，阀瓣安装位置不正或被卡住	重新装配
7	灵敏度不高	（1）弹簧疲劳； （2）弹簧使用不当	更换弹簧

1.8.5　风险提示

（1）只能由有资质的专业机构人员调整安全设定弹簧，根据设计要求设定安全阀起跳值。

（2）每年校验一次安全阀。

（3）安全阀在超压跳闸现象发生后，在其重新投入使用前，最好对安全阀进行校验。

1.9 先导式安全阀

1.9.1 结构与原理

1.9.1.1 先导式安全阀的结构

先导式安全阀属于自动阀类,是锅炉、压力容器和其他受压力设备上重要的安全附件,在压力超过动作值时,安全阀自动打开,泄放气体,降低压力,防止因压力超过额定值造成设备损坏和人员受伤。当压力恢复正常后,安全阀自行关闭,并阻止介质继续流出。

先导式安全阀主要由主阀、导阀及控制回路组成。其中,导阀为弹簧式安全阀,主要零件有阀体、阀瓣、弹簧和阀杆等,通过调整弹簧压缩量来调节安全阀的整定压力,使得主阀根据此压力来开启和关闭。主阀主要由阀体、阀芯、阀套、弹簧和气室等零件组成。主阀和导阀之间有上下两根导压管。先导式安全阀的基本结构如图 1.9.1 所示。

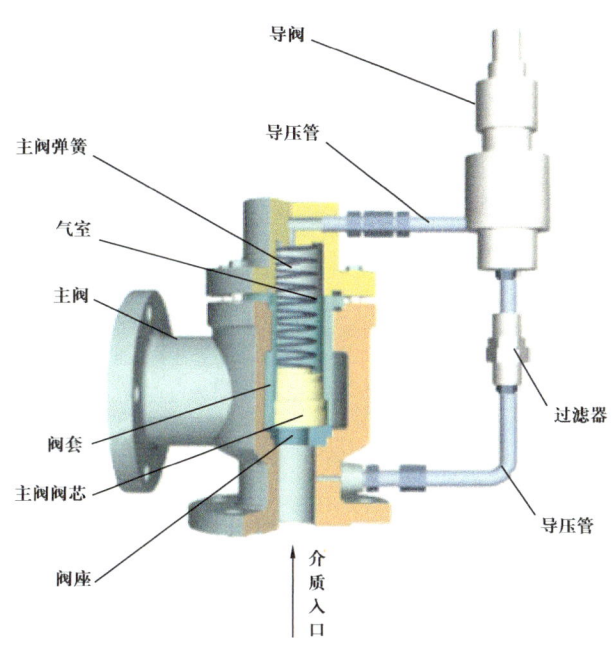

图 1.9.1 先导式安全阀的结构示意图

1.9.1.2 先导式安全阀的工作原理

先导式安全阀由先导阀来感测被控压力信号并控制主阀的启闭,以实现压力的自动泄放。当天然气压力达到设定的整定压力时,先导式安全阀的主阀阀芯快速开启,自动泄放过剩压力;当天然气压力降到工作压力以下时,主阀阀芯可迅速回座,停止泄放。先导式安全阀的动作过程如下(图 1.9.2):

（1）当安全阀的阀前压力低于整定压力时，先导阀整定弹簧将阀芯推向阀座密封面，天然气经导阀进口进入主阀阀芯上腔，使阀芯下移贴紧阀座，导阀和主阀都处于无泄漏的关闭状态。

（2）当阀前压力达到或高于整定压力时，天然气压力克服整定压力，弹簧将导阀阀芯向上推移，导阀受力面积由阀芯面积转化为活塞受力面积，受力面积增加，上升力增大，导阀开启。主阀阀套上腔内的气体从导阀出口排出，主阀打开，介质迅速排放，活塞行程到最大位置。

（3）当天然气压力排放到一定压力时，通过活塞阻尼孔的天然气压力使活塞上下两端产生面积压差平衡，启闭压差由活塞上下两端的面积压差平衡实现，当阀前压力降回到工作压力以下时，在较小弹簧力作用下，阀芯下移实现其密封。导阀关闭，主阀也就随之关闭。

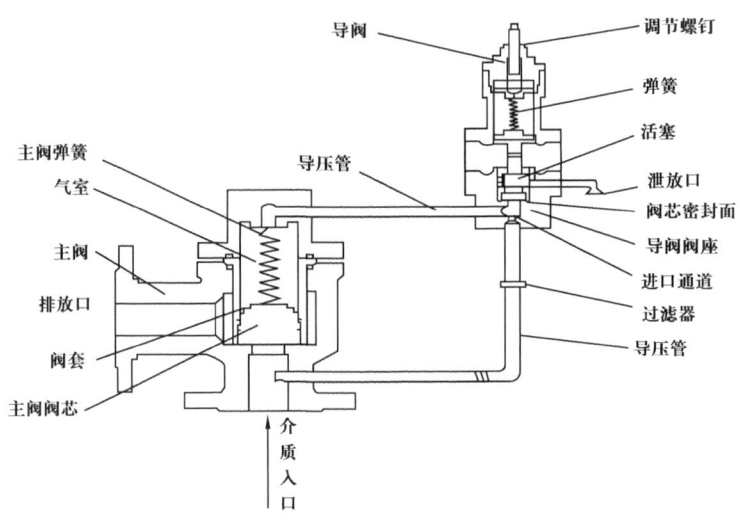

图 1.9.2　先导式安全阀结构示意图

先导式安全阀的优缺点见表 1.9.1。

表 1.9.1　先导式安全阀的优缺点

优点	适用于高压、大口径的场合
	密封性能好，动作很少受背压的影响
缺点	动作不如直接作用式安全阀迅速、可靠
	结构较复杂

1.9.2　操作与使用

（1）做先导式安全阀动作性能试验时，介质为空气或其他气体，禁止用液体。

（2）管线、设备吹扫及试压时，应关闭先导式安全阀前的切断阀，避免液体介质及污物进入安全阀的导压管或导阀，造成主阀无法起跳。

（3）缓慢打开安全阀前的切断阀门，检查各连接部位有无漏气现象（可用肥皂水检查）。

（4）安全阀刚通气时，应缓慢开启切断阀，听到主阀出口有连续泄漏声，属正常现象。这时停止开启切断阀，待出口处无泄漏声，再继续缓慢开启切断阀，安全阀即正常工作。

（5）安全阀应每年检测一次，发现安全阀动作不灵敏，启跳和回座压力偏离设定压力较多时（标准规定整定压力偏差为 ±3%），应对安全阀进行检查维修。

（6）检测安全阀是否灵敏，主要是检测导阀动作精度。如图 1.9.1 所示，可将导阀下端过滤器与主阀连接处的管道拆下，然后在导阀进口处接上空气或氮气气源，便可检测导阀精度是否符合要求。如安全阀导阀引压管上配有在线测试接口，通过在线测试接口直接接上气源便能调校导阀。

（7）控制安全阀前压力，使安全阀启跳、排放和回座。反复测试几次，观察排放压力和回座压力值是否符合要求，排放压差和启闭压差对应于性能规范表。然后将导阀调节螺杆的并紧螺母锁紧。

（8）调试或维修时，如发现安全阀参数不在弹簧压力级范围内，应及时报告。

1.9.3　故障与处理

先导式安全阀的常见故障与处理方法见表 1.9.2。

表 1.9.2　先导式安全阀的常见故障与处理方法

序号	故障现象	可能原因	处理方法
1	关闭不严、漏气	主阀或导阀阀芯软密封件损坏	更换软密封件
2	调节给定压力不灵敏	有污物堵塞	清洗连接导阀过滤器
3	安全阀不动作	零件损坏，O 形圈等损坏	更换损坏零件
		脏物、铁屑卡住安全阀	清洗
		安全阀的参数不对，如压力范围与使用范围不一致	更换导阀弹簧

1.9.4　风险提示

（1）只能由有资质的专业机构人员调整安全设定弹簧，根据设计要求设定安全阀起跳值。

（2）每年校验一次安全阀。

（3）安全阀在超压跳闸现象发生后，在其重新投入使用前，最好对安全阀进行校验。

1.10 水击泄压阀

水击泄压阀是一种用于长距离输送成品油等液体介质的管道，在管道突然产生水击时，能迅速依靠介质压力自动打开，防止管道、阀门、输油泵等受压设备超压破坏，从而保护管输设备安全的阀门。正常情况下，阀门依靠内部元件的设定压力关闭。

目前应用较广的泄压阀有两种形式，即先导式泄压阀和胶囊式泄压阀。先导式泄压阀是依靠阀体内部的导阀来开启的，其结构简单，安装方便，不需要额外的辅助设施，特别适用于低黏度油品。由于各个输油气企业输送的是低黏度轻柴油和高标号汽油，因此选用的是美国 DANIEL 公司的 DANFLO 先导式水击泄压阀（6in、4in、3in）。DANFLO 先导式水击泄压阀采用轴流泄压的方式，阀门反应灵敏、动作迅速，在万分之一秒内实现阀门完全开启，其寿命长、精度高，在设定压力的 1% 的范围内动作，能够满足各个输油气企业输送成品油管线的最大泄放量的要求，能够保证成品油管道泄放的可靠性和适应性。水击泄压阀设在中间站的进站和出站侧，各个输油气企业的首座站场设在出站侧，末站（如蒙自末站）均设在进站侧，用于保护本站的设备、管线，或保护出站干线不超压。

水击泄压阀拥有保护自成体系，当出站压力超过水击泄压阀的动作设定值时，水击泄压阀自动开启泄放。此时泄流管路的流量开关将检测的泄放流量信号传给站控系统并显示报警。当出站压力低于水击泄压阀的泄放设定值时，水击泄压阀自动关闭，停止泄放，流量开关无输出信号，报警消除。对于先导式水击泄压阀，介质是沿轴向流动的，采用导阀控制。开阀以管线油品压力为动力源，油品压力决定阀门的开启和关闭。

1.10.1 结构与原理

1.10.1.1 泄压阀的结构

先导式泄压阀主要由导阀和主阀组成，导阀主要由引压管、弹簧调节器、控制阀和先导阀连接器等部分组成。导阀内分为前室（接阀前 p_A）、中室（接阀腔 p_O）和后室（接阀后 p_B），导阀内还有可移动的活塞杆。主阀主要由阀体、锥头、O 形圈、阀座、弹簧等部分组成。先导式泄压阀的组成和结构分别如图 1.10.1 和图 1.10.2 所示。

1.10.1.2 泄压阀的工作原理

先导式水击泄压阀是靠先导阀控制主阀动作。管道介质压力作用于主阀前端，同时通过引压管进入先导阀，管道介质压力作用于先导阀的小活塞并产生轴向力。活塞轴向力与先导阀调整弹簧力相互作用，两者作用力大小不同，其差值促使阀瓣位移，于是介质经过滤器进入锥头油缸使主阀关闭，或锥头油缸内的介质压力排放到管道下游，而管道压力使主阀开启，因此先导阀的反应动作控制着主阀的开启或关闭。

1 阀门

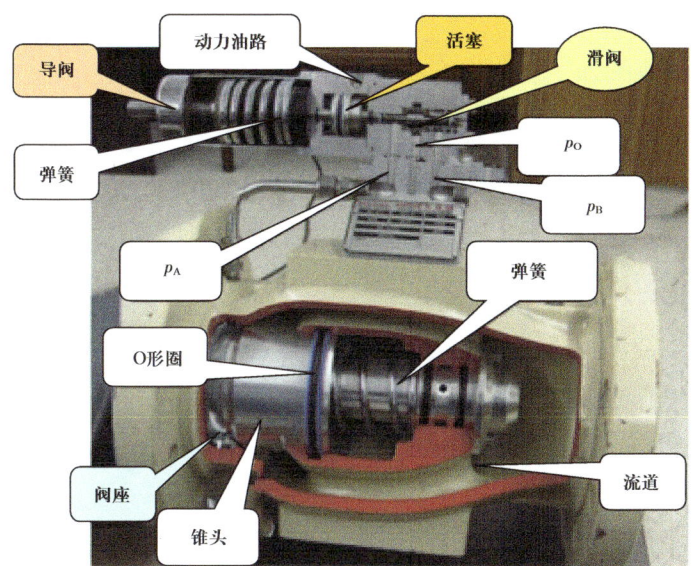

图 1.10.1　先导式泄压阀的组成

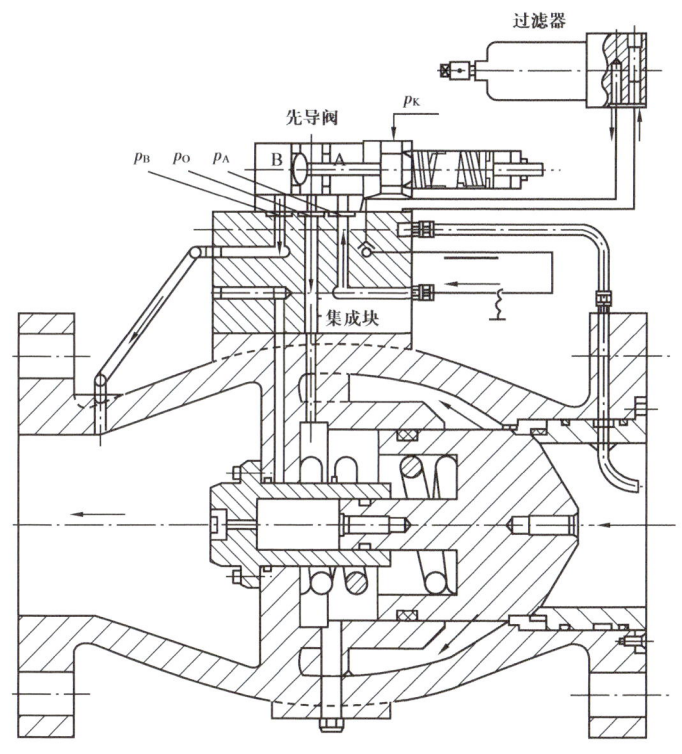

图 1.10.2　先导式泄压阀的结构

p_A—介质入口压力（由管道经过滤器、集成块进入先导阀）；p_K—引压管压力（由管道引入先导阀，用于控制先导阀动作）；p_O—进入锥头油缸的介质压力；p_B—锥头油缸内的介质压力经 B 口排放全管道下游

（1）超压状态下的先导阀活塞轴向力大于先导阀调整弹簧力，此轴向力推动先导阀阀瓣向右移动，前室关闭，导阀中室和后室连通。此时锥头油缸内的介质迅速排放到管

— 37 —

道下游，于是在管道压力作用下将锥头推开，自动将介质排向管道下游，管道压力迅速降低，从而达到泄放压力、保护管道或设备不被破坏的目的。

（2）管道压力降低恢复正常，先导阀活塞轴向力小于先导阀调整弹簧力时，此弹簧力推动先导阀阀瓣向左移动关闭后室，前室和中室导通。管道压力经过滤器和先导阀进入主阀内腔（锥头油缸）。锥头在介质压力及主弹簧的作用下，克服锥头O形圈的摩擦力，主阀锥头自动复位，并达到密封状态，使先导式水击泄压阀恢复正常运行。

泄压阀的泄压原理如图1.10.3所示，关闭原理如图1.10.4所示。

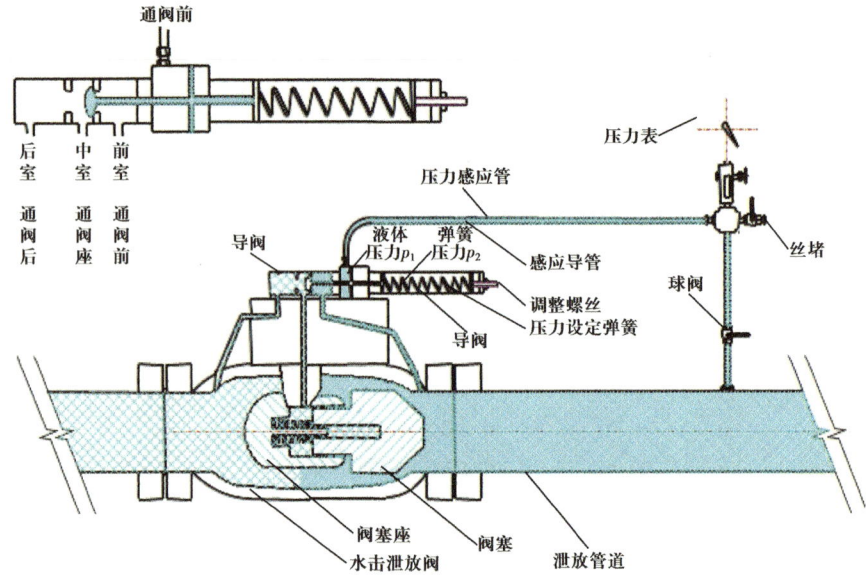

图1.10.3　泄压阀门的泄压原理图

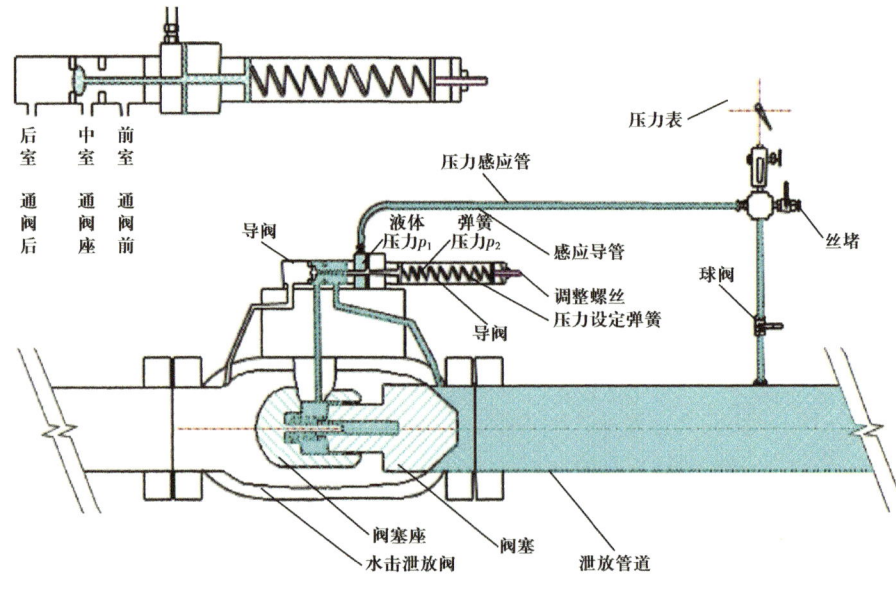

图1.10.4　泄压阀的关闭原理图

1.10.2 操作与使用

1.10.2.1 水击泄压阀的投运操作

（1）打开测压管截断阀。
（2）缓慢打开水击泄压阀下游管段上的截断阀。
（3）缓慢打开水击泄压阀上游管段上的截断阀。
（4）缓慢打开阀体排气阀，将阀芯内的空气排尽。

1.10.2.2 水击泄压阀的停运操作

（1）慢慢关闭水击泄压阀上游管段上的截断阀。
（2）关闭水击泄压阀下游管段上的截断阀。
（3）水击泄压阀的停运操作结束。

将阀门上游和下游两端的压力泄放掉，通过阀芯底部衬垫上的泄放阀把阀芯腔内的压力泄放出去后，可对停运的水击泄压阀进行检修。

1.10.2.3 水击泄压阀设定压力的调试校验

水击泄压阀定值的测试如图 1.10.5 所示。

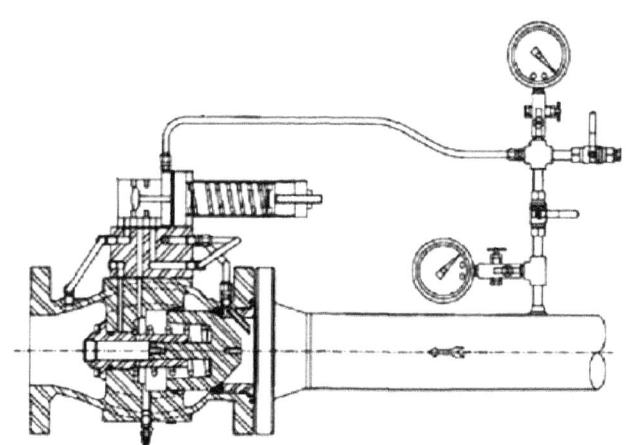

图 1.10.5　水击泄压阀定值的测试示意图

（1）停运水击泄压阀。
（2）打开前截断阀底部排污阀，检测阀门是否存在内漏。
（3）关闭干线压力导管阀，将下端引压管压力表的示值记录（包括压力设定值前后的泄放压力、稳压 15min 后的压力等）。观察 15min 后，再次将下端引压管压力表的示值记录在先导式水击泄压定值测试记录中。检测水击泄压阀是否存在内漏，如存在，则要对该阀门进行清洗或更换密封件。在确认阀门完好无泄漏后，打开管线压力导管阀。
（4）确认打压截断阀关闭，打开丝堵，连接打压泵。

（5）上下扳动打压泵手摇杆，观察泵压力表的示值。

（6）当手摇泵压力表示值略大于引压管压力表的示值时，打开打压截断阀，连通手摇泵管线液体。

（7）继续上下扳动打压泵手摇杆进行升压，观察引压管压力表示值。

（8）如果引压管压力表示值未达到规定的泄放压力设定值，说明水击泄压阀的现压力设定值小于规定的压力设定值，此时松开调节螺杆的锁紧螺母，顺时针旋转弹簧压力调节螺杆，调节水击泄压阀的泄放设定压力，直至泄放压力达到规定的泄放压力设定值。

当水击泄压阀的现压力设定值大于规定的泄放压力设定值时，手摇泵继续升压时，压力不得超过规定设定值压力的5%，防止设备损坏，发生人身和设备事故。

（9）泄放压力达到规定的泄放压力设定值后，停止打压并关闭打压截断阀。

（10）扳动打压泵前端的手柄，泄放打压泵压力。

（11）缓慢打开泄压阀前截断阀10%，为泄压阀前端管线充压，此时应严密观察引压管压力表的示值。如果泄压阀正常回位，压力表的示值瞬间达到测试前记录的压力值，此时关闭泄压阀前截断阀。如果表的示值瞬间未达到测试前记录的压力值，或管线内持续有过流声，说明泄压阀未正常回位，此时应立即关闭泄压阀前截断阀，对泄压阀进行解体清洗或更换密封件，或在停输状态下对其进行冲洗。

（12）测试完毕，确认打压截断阀关闭，打压泵压力泄放后，拆除打压泵。

1.10.3　维护与保养

（1）定期检查过滤器元件，在运行初期，每两个月对过滤器进行一次适当的检查，每六个月进行一次压力整定测试。

（2）过滤器的检查：① 用 $\frac{1}{4}$in 内六角头扳手顺时针旋转关闭隔断阀。将吹扫阀打开一条缝，将存留在过滤器内的压力泄掉；② 逆时针旋转过滤器壳体将其卸下；③ 检查不锈钢元件，如果需要的话，进行清洗或更换。当卸下过滤器进行检查时，必须注意以下几点：① 在拆卸过滤器壳体之前，必须先将过滤器内的压力泄放掉；② 小心仔细地将过滤器元件安全放置；③ 过滤器元件可以浸泡在石油溶剂中或用压缩空气吹扫净；④ 重新组装过滤器；⑤ 重新将吹扫阀拧紧；⑥ 打开隔离阀。

1.10.4　故障与处理

1.10.4.1　管道杂质进入泄压阀，导致泄压阀误动作

在安装前，需彻底吹扫管线。确保管线内无泥沙、碎片、金属屑等，防止杂质进入泄压阀的导阀以及阀腔，造成泄压阀阀塞归位时，泄压阀误动作或泄压阀不能稳定工作。

1.10.4.2　确定泄压阀设定值，防止泄压阀设定值漂移

在首次使用泄压阀时，必须要做好泄压阀的定值调校工作。首先，要选择与管道仪

表相当的精度等级的引压管压力表并进行校验，确保泄压阀设定值校验的准确度，避免管道运行压力超高时，泄压阀不动作或误动作；其次，防止泄压阀设定值漂移，在调校泄压阀时，要紧固调整杆，调整控制阀，防止出现弹簧滑动等现象。

测试压力表选型应满足以下要求：

（1）压力表精度等级统一选用 0.4 级。

（2）压力表量程：

① 设定值≥10MPa 时，量程为 0～25MPa；

② 10MPa＞设定值≥6MPa 时，量程为 0～16MPa；

③ 6MPa＞设定值≥3MPa 时，量程为 0～10MPa；

④ 3MPa＞设定值≥6MPa 时，量程为 0～6.0MPa；

⑤ 设定值＜2MPa 时，量程为 0～2.5MPa。

1.10.4.3　及时维护泄压阀，防止泄压阀内漏

一般在泄压阀动作几次以后，会出现泄压阀阀塞不归位、密封圈损坏或泄压阀动作迟缓等问题。需要及时更换泄压阀易损件，清洁阀塞的杂物，排除进入先导阀的杂质或气体。

1.10.4.4　根据泄压阀的压力等级选择阀座密封

选择压力等级比较低的泄压阀，如末站水击泄压阀时，由于末站进站泄压压力设定值相对比较低，如果选择硬阀座，当水击泄压阀泄放回关后，阀塞不能正常复位，阀塞和阀座接触不够紧密，容易导致阀门内漏，所以建议将其更换为密封较好的软阀座。

1.10.4.5　安装完毕后，阀门不能保持压力

此故障发生的原因：管道中的杂质使阀芯无法回到密封座上；密封座上有杂质；阀芯表面有划伤。此故障的处理方法：将阀门从管道上拆卸下来，清理管道内的杂物；更换密封座上的密封；拆掉阀芯进行修理或更换，检查导阀。

1.10.4.6　操作不稳定

此故障发生的原因：导阀或控制器有问题；在气体腔中有液体，或是在液体腔中有气体。此故障的处理方法：吹扫阀芯腔。

1.10.4.7　阀门不能调节压力

此故障发生的原因：控制线连接不当；控制线接在管道中的湍流区。此故障的处理方法：检查阀门压力表；调节控制器。

1.11 安全切断阀

1.11.1 结构与原理

安全切断阀应用于燃气输配系统中起紧急切断保护作用，具有监控燃气压力超压切断的功能（图1.11.1）。

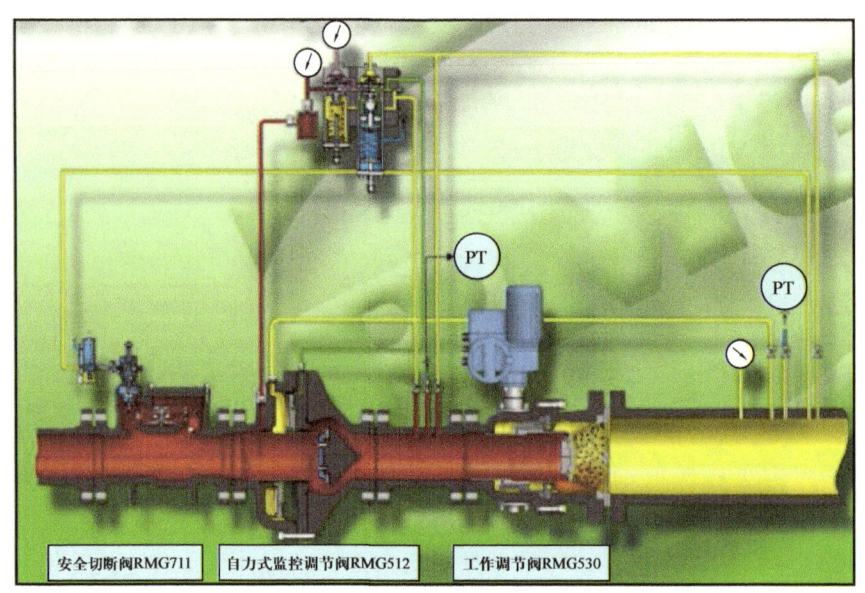

图 1.11.1　安全切断阀示意图

安全切断阀由主阀体、平衡阀、阀杆总成、控制器、滚珠机构和压力转换装置等构成。安全切断阀的铭牌如图1.11.2所示，其内部结构如图1.11.3所示。

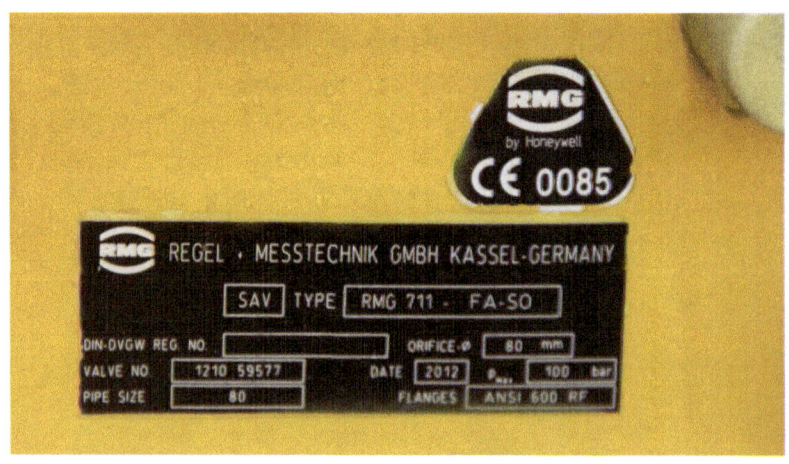

图 1.11.2　安全切断阀的铭牌

1 阀门

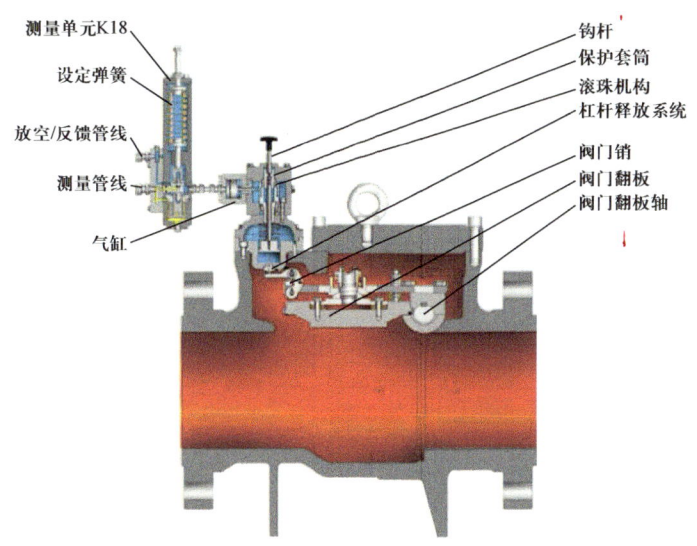

图 1.11.3　安全切断阀的内部结构

1.11.1.1　安全切断阀超压关断

在下游气体压力高于设定值时，阀门控制器的双膜机构在气体压力作用下向上移动，放大阀的开度增大，控制器内的气流增大，压力升高，高压气流进入压力转换装置，推动活塞和顶杆向外平移，使滚珠离位，阀杆总成处于自由状态，在关闭弹簧的作用下，完成阀门的关闭动作。安全切断阀超压关断如图 1.11.4 所示。

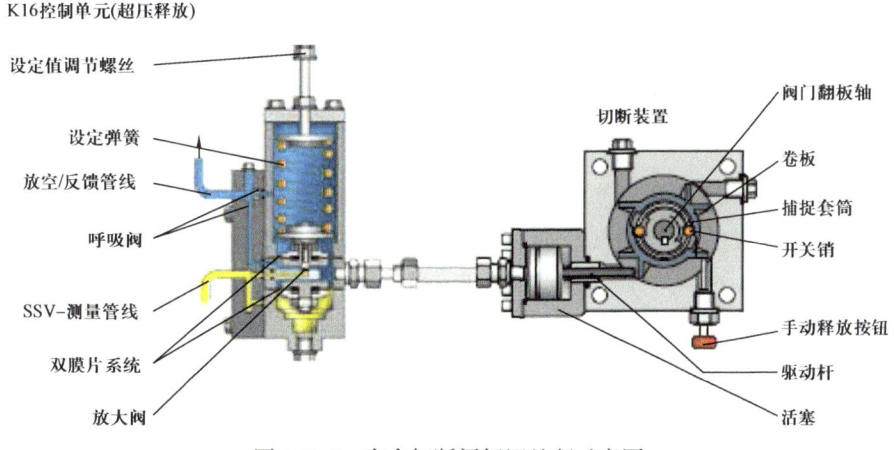

图 1.11.4　安全切断阀超压关断示意图

1.11.1.2　安全切断阀失电关闭

电磁阀克服关闭弹簧的力量，通过推动电磁杆而使安全切断阀处于开位。工作状态下的电磁阀是带电的，若电磁阀失电，关闭弹簧推动开关杆，从而关闭安全切断阀。安全切断阀失电关闭如图 1.11.5 所示。

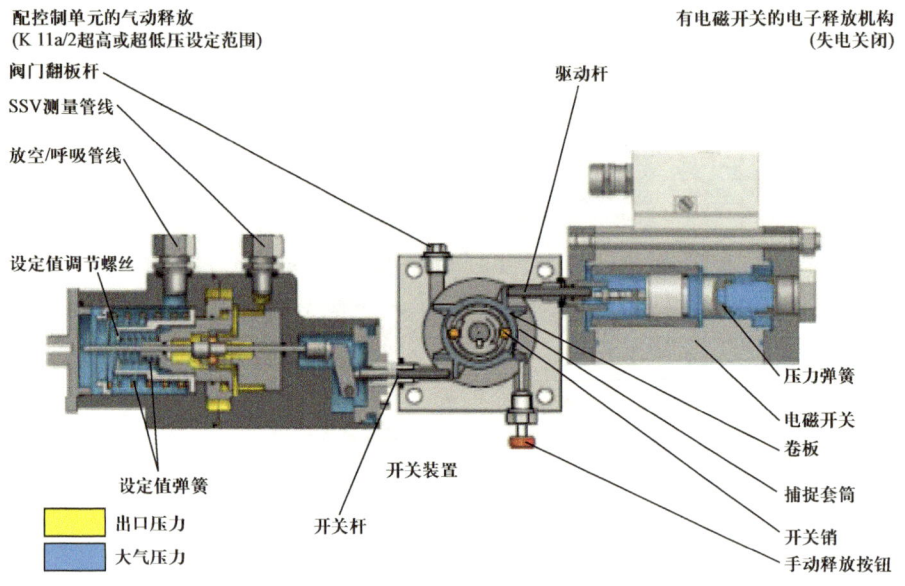

图 1.11.5 安全切断阀失电关闭

1.11.2 操作与使用

阀门复位操作步骤如下所示：

（1）按下平衡阀杆，进行压力平衡，观察阀后压力表，前后压力平衡时，则松开平衡阀杆。

（2）往上提复位拉杆进行复位。

（3）按下手轮并逆时针旋转，当感觉到挂上后，则安全切断阀复位完成。

1.11.3 维护与保养

RMG670 指挥器正常运行 3～6 月，可拆开检查，如活塞密封垫有压痕，须更换。正常运行中，如果发现活塞处漏气，则须立即更换活塞。RMG711 的主阀盖：如发现有漏气现象（在关闭状态下，仍有天然气泄漏到下游），则须更换阀盖密封圈。

1.11.4 故障与处理

安全切断阀的常见故障与处理方法见表 1.11.1。

表 1.11.1　安全切断阀的常见故障与处理方法

序号	故障	引起部位	原因	解决方法
1	阀门内漏	主阀	阀座和密封面上有杂质	清洗阀座和密封面
			阀盖密封圈破损	更换
		平衡阀	未关闭	关闭
			关不严	更换

续表

序号	故障	引起部位	原因	解决方法
2	阀门打不开	平衡阀	堵塞	修复或更换
3	阀门不能关闭	指挥器	薄膜损坏	更新
		锁紧机构	有杂物，不能脱开	清洗
4	放散管泄放不正常	指挥器	膜片损坏	更换

1.12 监控调压阀

1.12.1 结构与原理

1.12.1.1 监控调压阀的结构

各个输油气企业天然气站场使用的监控调压阀RMG512B型调压阀为轴流式调压阀,主要由以下几个部分组成:主阀体、膜片总成、阀门套筒、650指挥器、阀芯、过滤器、关闭弹簧、引压管线(图1.12.1)。

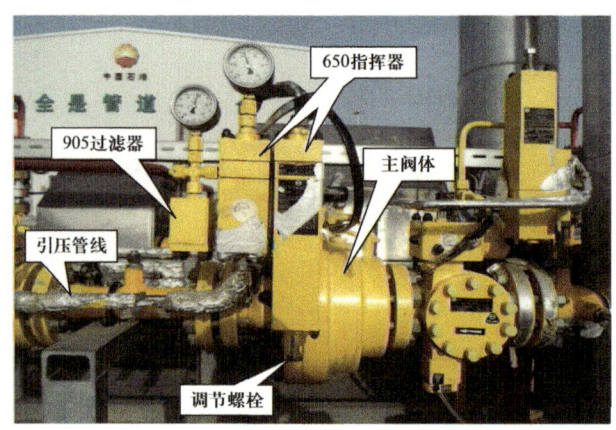

图 1.12.1　RMG512B 型调压阀的组成

1.12.1.2 监控调压阀的工作原理

来自调压阀前的气体经过指挥器调节后,将压力通过负载压力管线作用于膜片下游驱动腔内(RMG512B型调压阀原理图如图1.12.2所示),来自调压阀后的压力通过反馈管线与关闭弹簧一起作用于膜片上游。调压阀膜片两侧的压力变化带动套筒向左或向右移动。气体流过调压阀的流通面积由阀门套筒和阀芯之间的距离来控制,距离越大,流通面积越大,下游气体压力越大;距离越小,流通面积越小,下游气体的压力越小。RMG512B型调压阀的内部结构如图1.12.3所示,RMG512阀芯如图1.12.4所示。

1.12.1.3 调压过程原理

通过旋紧负载控制级指挥器的调节螺栓进行调压,旋紧负载控制级螺栓时,来自指挥器下部的调节弹簧弹力变大,弹簧将弹力传递至放大阀下部的波纹管处,波纹管推动放大阀活塞移动,使其开度增加。放大阀开度的增大使得负载压力管线中的气体压力升高,阀门套筒向上游移动,其和阀芯之间的距离增大,流入下游的气体流量增多,最终使下游气体压力升高(释放调节螺栓进行降压操作,调节过程同理)。RMG650指挥器的结构原理图如图1.12.5所示。

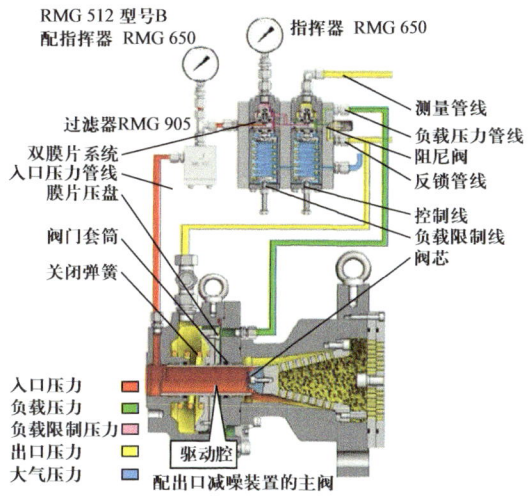

图 1.12.2　RMG512B 型调压阀的工作原理图

图 1.12.3　RMG512B 型调压阀的内部结构

图 1.12.4　RMG512 阀芯

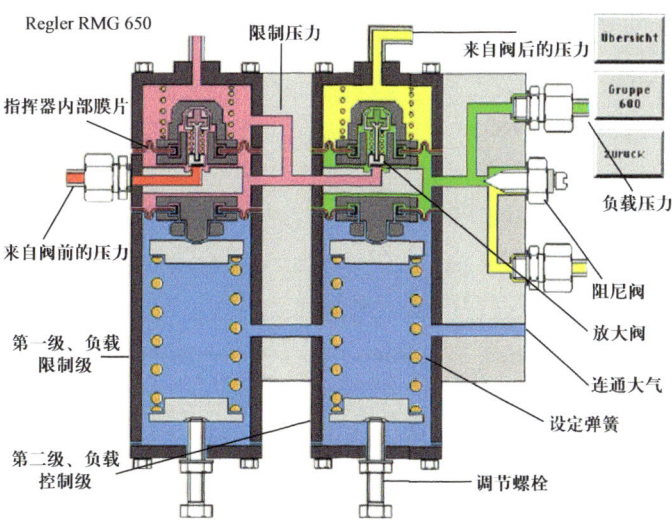

图 1.12.5　RMG650 指挥器的结构原理图

1.12.1.4 自动稳压过程原理

当下游压力增大时,第二级指挥器膜片上腔的压力增大,膜片受到的向下的力增大,膜片向下移动,并使其内部放大阀的开度减小。放大阀开度的减小使得负载压力管线中的气体压力降低,阀门套筒向下游移动,其和阀芯之间的距离缩小,流入下游的气体流量减少,最终使下游气体压力降低至设定值(下游压力增大时,稳压过程同理)。指挥器内的膜片、放大阀总成如图 1.12.6 所示。

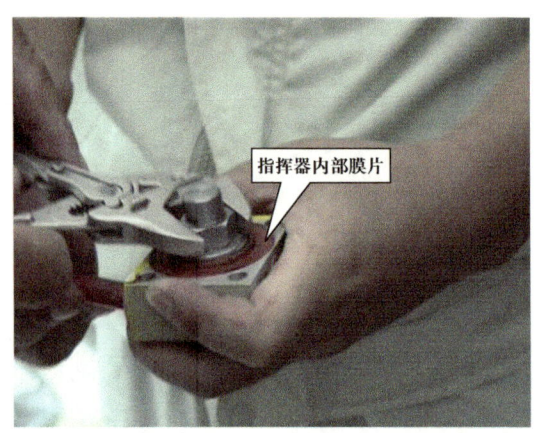

图 1.12.6 指挥器内的膜片、放大阀总成

RMG650 及 RMG630 指挥器分为两级:第一级为负载限制级,其作用是减少上游压力波动给下游压力带来的干扰;第二级为负载控制级,其作用是设定调压阀后的气体压力。第一级是一个负反馈线路,当上游压力发生变化而下游压力不变时,通过控制第一级内膜片的运动,控制经过放大阀的气体流量,而保证了第二级的放大阀不受影响,这样就保证了调压阀后压力的相对稳定。

1.12.2 操作与使用

监控调压阀出口压力的设定程序如下所示:

(1)关闭上下游阀门,放空调压装置中的天然气,停运安全切断阀,确认监控调压阀处于完全开启状态;

(2)顺时针完全拧紧监控调压阀的切断压力调整螺钉;

(3)缓慢打开上游阀门,使系统供气,调整引压管泄放阀,使检测到的出口压力达到安全切断目标值,关闭泄放阀保持该压力;

(4)逆时针缓慢旋转切断压力调整螺钉,直至监控调压阀切断为止。此时的出口压力目标值即为监控调压阀的切断压力,最后锁紧切断压力调整螺钉的锁紧螺母。监控调压阀的压力设定值通常应比工作调压器的压力设定值高 0.1~0.2MPa,比安全切断阀的切断压力低 0.1~0.2MPa。一般情况下,在设定好安全切断压力后,应将监控调压阀的设定压力调低 0.1~0.2MPa。

1.12.3 维护与保养

（1）监控调压阀的日常保养主要是对指挥器 RMG650 进行维修和检查，检查密封件、膜片、活塞的情况，如发现活塞密封垫有压痕、膜片有较重的压痕，则需更换新的活塞密封件或膜片；

（2）在正常工作状态下，3 个月到半年期间，需对指挥器进行维护保养；

（3）如天然气含杂质及水分较多，则需根据实际情况缩短保养周期。

1.12.4 故障与处理

监控调压阀的常见故障与处理方法见表 1.12.1。

表 1.12.1 监控调压阀的常见故障与处理方法

序号	故障	引起部位	原因	处理方法
1	关闭压力太高	指挥器	指挥器内腔被杂质卡住	清洗
			活塞喷嘴机构损坏	更新
2	阀门内漏	指挥器	活塞喷嘴机构损坏或有杂质	更新或清洗
		阀芯	阀芯有杂质，关不严或损坏	清洗或更换阀芯
3	阀后压力调节时压力增长太快或太慢	指挥器	膜片损坏	更新
		指挥器	指挥器弹簧强度不合要求	更换倔强系数更高的弹簧
		主阀	套筒和杆套之间不光滑	清洗润滑套筒或阀杆套
4	调节压力不稳	指挥器	膜片对阀后压力波动敏感	更换倔强系数更高的弹簧
		主阀	阀门工作在关闭压力范围内	核对调压阀的工作参数
		取压点	取压管线长度不符合规定	调整取压管线长度
5	设定压力值改变后，调压器没有反应	指挥器	指挥阀反应不灵敏	上调载荷限制压力，减少排放量
		指挥器	指挥阀薄膜损坏	更新
		过滤器	杂质多，存在堵塞	清洗或更新过滤网
		主阀	膜片损坏	更新膜片
6	阀后压力持续下降	指挥器	指挥器过滤器堵塞，入口压力管线或负载引压管线冰堵	清理或更换堵塞的过滤器，对于冻堵引压管线，使用热水解冻，投用电伴热带

1.13 MOKVELD 调节阀

1.13.1 结构与原理

1.13.1.1 工作调节阀的结构

MOKVELD 工作调压阀是一种轴流式调节阀，由阀外体、阀内体、阀杆、活塞杆、活塞和笼筒组成（图 1.13.1）。阀体是一个完整的铸造体，阀的内外体之间有一个轴向对称流道。笼筒是阀的关键结构，它的壁面上有许多孔洞。调节阀的内部结构与原理结构图如图 1.13.1 所示。

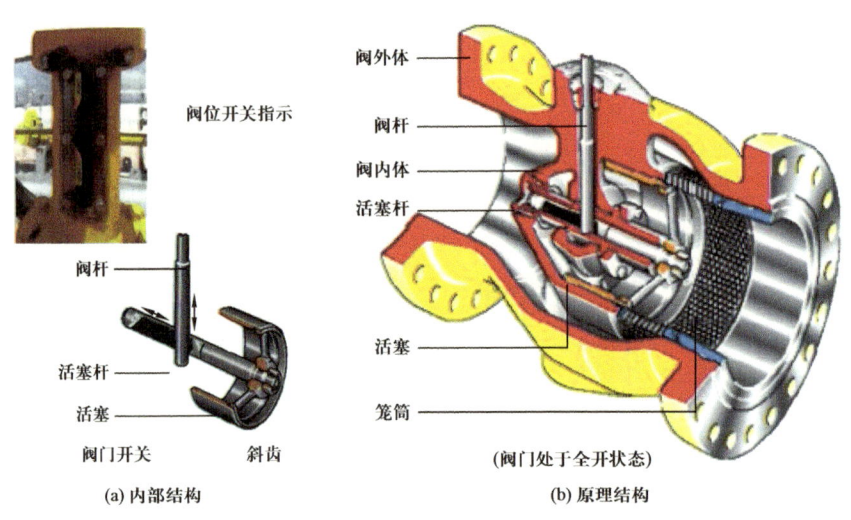

图 1.13.1 调节阀的内部结构与原理结构图

1.13.1.2 工作调节阀的原理

在工作调压阀关阀和开阀时，活塞通过活塞杆的导引在笼筒内前后运动，阀杆借助它与活塞杆上的 45°的齿条传动活塞杆。节流发生在活塞边缘与笼筒的孔口之间，气流来自笼筒外，在笼筒层孔内的气流速度很高，当执行机构驱动阀杆向上时，活塞向后移动，开大阀门；当执行机构驱动阀杆向下时，活塞向前移动，关小阀门，如图 1.13.2 所示。

1.13.2 操作与使用

1.13.2.1 压力设定步骤

（1）首先打开装置入口处压力表的根部阀和截止阀，观察来气的操作压力；
（2）打开现场动力控制箱工作路的电源开关，显示灯呈红色为工作状态；

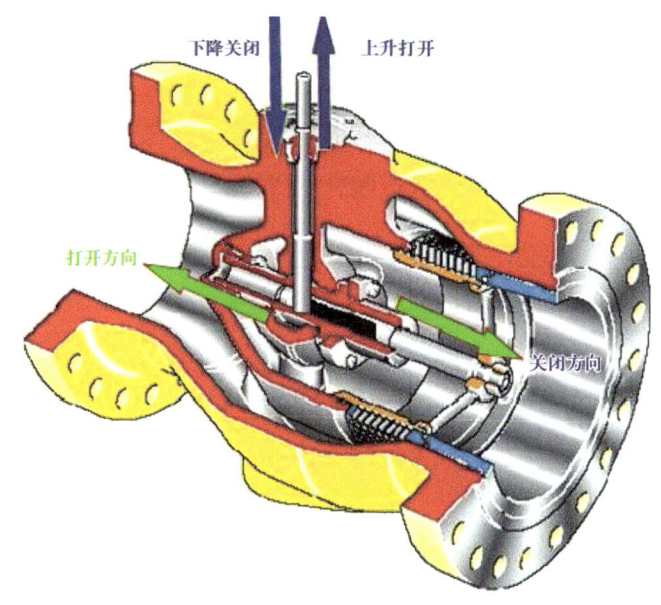

图 1.13.2 工作调压阀的工作原理图

（3）打开电动调节阀之后的压力表根部阀和截止阀，观察电动调节阀的出口压力；

（4）关闭装置内的所有仪表阀、球阀；

（5）检查各法兰/螺纹连接是否完好，切断阀是否为开状态；

（6）打开现场控制箱的电源开关，其显示灯为红色；

（7）按（1）～（3）步骤操作，直至天然气进入调压管路，压力表读数即为调压管路的入口压力，电动调节阀后的压力表读数即为调压管路的出口压力。

1.13.2.2　具体设定步骤

（1）关闭调压装置上下游管线阀门及管路内所有压力表阀，旋开安全切断阀、监控调压阀的指挥器上的盖帽，打开监控调压阀侧面限流阀1圈（使用初期小流量，后期可适当增大），打开防爆控制箱电伴热、指挥器电加热器、电动调节阀电源开关，将电动调节阀就地全开到100%；

（2）安全切断阀处在开位时，顺时针缓慢旋紧（到底）指挥器的螺母，之后逆时针缓慢旋松（到底）监控调压阀的负载级和控制级指挥器调节螺栓；

（3）打开上游球阀，使气源到达该阀前，接通控制阀电动头电源；

（4）选择电动头控制旋钮到就地自动位置；

（5）扳动开/关控制旋钮，将控制阀开到阀位的5%位置；

（6）将控制旋钮选择到远程自动位置；

（7）将计算机中的压力控制程序投入运行；

（8）控制阀将根据计算机 PID 调节指令，将下游压力控制在设定值以内。

1.13.3 维护与保养

（1）检查阀体外部的防腐层是否完好，视情况进行修补。
（2）检查执行机构等各部位的连接法兰螺栓是否松动，视情况进行调整。
（3）检查阀门与管道连接处是否有泄漏，视情况进行螺栓紧固或更换法兰垫圈。
（4）检查是否有气体、液体或润滑油从压力泄放阀中泄漏，视情况对压力泄放阀和活塞杆密封处进行检修。

1.13.4 故障与处理

MOKVELD 调节阀的常见故障与处理方法见表 1.13.1。

表 1.13.1 MOKVELD 调节阀的常见故障与处理方法

序号	故障	原因	处理方法
1	阀门关闭不严	阀门被杂质卡住	拆开阀座清洗杂质
		阀芯损坏	更换阀芯
		开关位置不合适	重新调整行程控制器
2	阀门不动作	电动机功率过小或电动机过载	更换电动机
		阀门两侧压差过大	减小阀门两侧压差
		扭矩过大	调整阀门电动执行机构
		阀门生锈或阀杆有杂质	对阀门进行除锈清洗
3	阀门行程限位发生变化	行程螺母紧定销松动	在合适的位置紧固紧定销
		传动轴等转动件松动	紧固松动件
		行程控制器弹簧过松	更换弹簧
		电动执行机构不能确认开关位置	重新设定
4	注脂嘴泄漏	注脂嘴内有碎屑	应向注脂嘴注入少量清洗液洗去碎屑
		注脂嘴损坏	更换注脂嘴
5	控制阀不能完全关闭和开启	执行机构安装不正确	检查执行机构的安装是否正确或重新安装执行机构
		执行机构操作系统故障	检查执行机构的电源系统是否有故障，并对执行机构进行维修

1.14 四通阀

1.14.1 结构与原理

四通阀是用于对长输原油管道流量计标准体积管进行标定的阀门,压力等级为 ANSI 600 磅级。标准双向体积管是一种容积标准器,它是标定流量计是否准确的重要仪表器具。四通阀是双向体积管的一个关键部件,它在双向体积管中起到了实现介质流向切换(起到正行程和逆行程校验作用),以及密封和自身检漏的作用。它的准确灵活性直接影响到原油流量计量的准确和生产设备的运行安全。双向体积管的结构如图 1.14.1 所示。

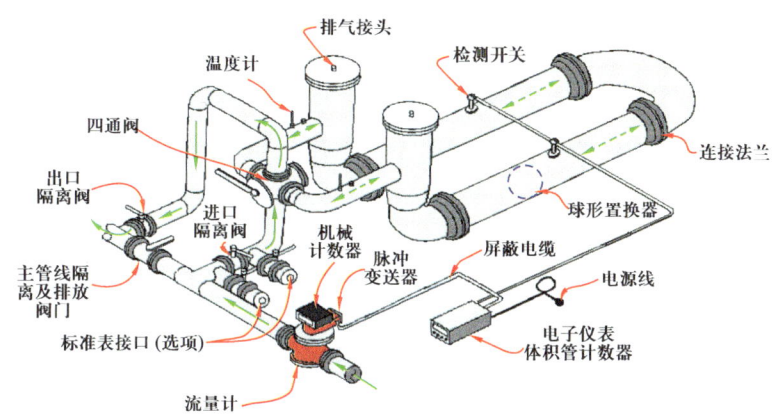

图 1.14.1 双向体积管的结构

1.14.1.1 四通阀的结构

四通阀由阀体组件和电动执行机构两部分组成。阀体组件由阀体、阀瓣、提升杆、阀盖、阀腔、阀塞和密封条组成,如图 1.14.2 所示。四通阀齿轮变速机构如图 1.14.3 所示。

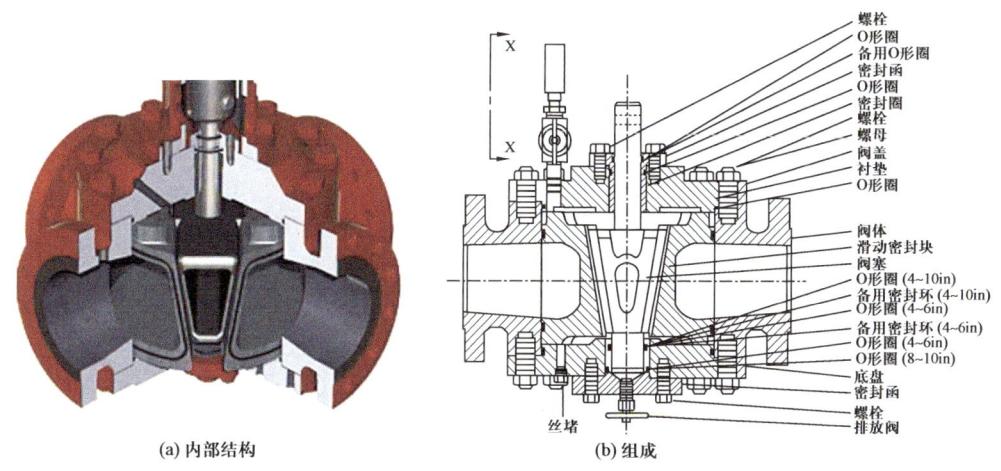

图 1.14.2 四通阀门的结构和组成

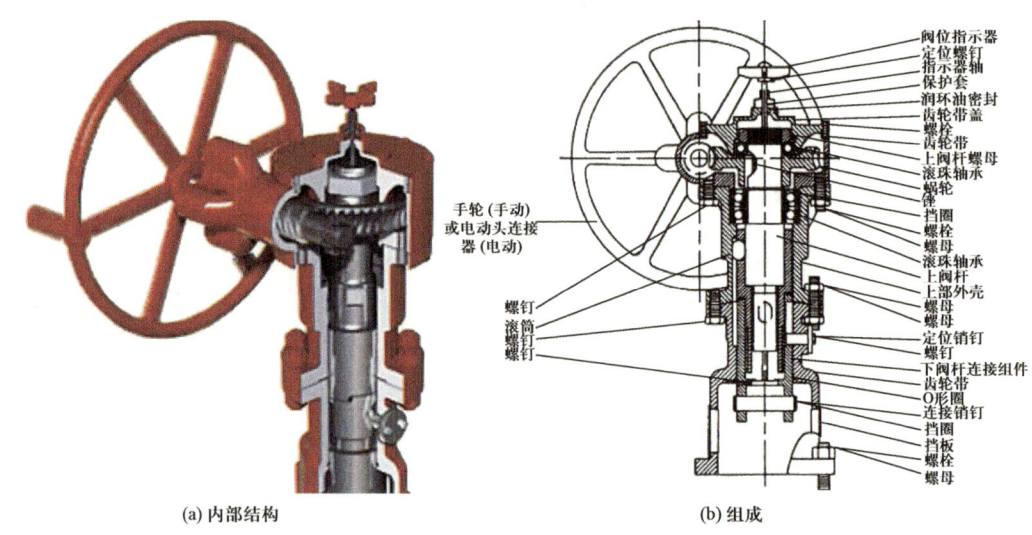

(a) 内部结构　　　　　　　　　(b) 组成

图 1.14.3　四通阀齿轮变速机构的结构和组成

电动执行机构由手轮、切换手柄、电子行程控制器、智能控制系统、电气箱罩、力矩传感器、箱体、输出轴、蜗杆轴、接线盒和电动机组成，如图 1.14.4 所示。

图 1.14.4　电动执行器内部结构

1.14.1.2　四通阀的工作原理

四通阀是通过控制双向体积管内液体的流向来实现对流量计的标定。在双向体积管内有一个用橡胶制成的置换球，用在紧凑环形管网中实现流动液体的转向，它起到对液体的隔离作用。由于四通阀的阀腔是圆筒状，当双向体积管内的置换球在液流的推动下触发正行程检测开关 A、B 时，四通阀通过提升杆带动阀瓣使阀瓣旋转 90°，实现了四通阀的转向工作，此时置换球为静止位置状态。当四通阀再次通过提升杆提动，阀瓣再次旋转 90°时，液流在管内液体压力的作用下，经四通阀另端流道流过使置换球发生转向，当置换球再次触发 B、A 检测开关时，完成了反向行程。通过这一标准容积的往返行程，以测定标准管段的容积之和。具体工作过程为：如图 1.14.5 所示，阀门正向密封，阀体内的流体完全分离，阀体上的压力表显示的压力低于管线压力，表示四通阀的密封状态完好。

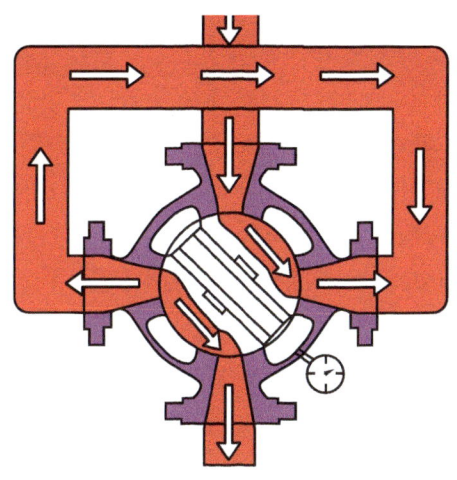

图 1.14.5　四通阀正向密封

如图 1.14.6 所示，当四通阀处于此位置时，阀塞上的孔使阀门进出口直接连通，流体从四通阀的进口流入，不经过体积管直接从四通阀出流出。这种设计使四通阀在换向时不会受到任何限制。此时的压力表显示管线压力。

如图 1.14.7 所示，四通阀阀塞和滑块全部换向至新的位置。阀塞下降，撑开滑块使阀门密封。此时流体在阀体内又重新分离。阀体上的压力表显示的压力低于管线的压力，则表示四通阀密封完好。

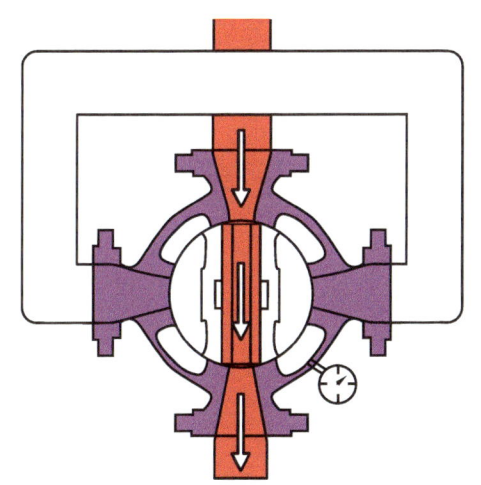

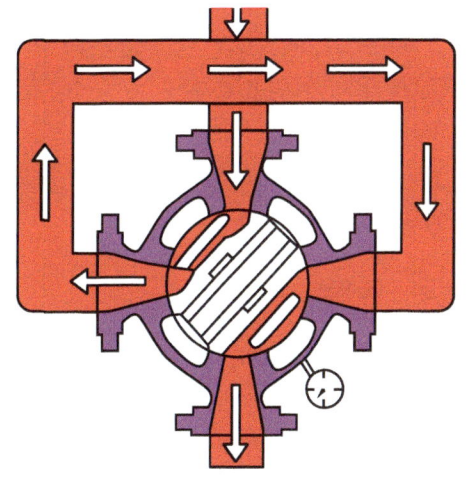

图 1.14.6　阀门进出口直接连通　　　　图 1.14.7　四通阀阀塞和滑块换向至新位置

1.14.2　操作与使用

在双向体积管对流量计标定的过程中，四通阀主要经过阀门就位→阀杆提升→阀位置转换→阀塞与阀瓣继续旋转→阀塞与阀瓣处于位置确定这 5 个工作步骤。

双向体积管在标定前,应首先关闭四通阀(最初阀门就位),使液流被完全隔离,阀体上的压力表数值低于正在输油时的管道工作压力。当液流在给定的压力下经体积管进入四通阀入口,将置换球(也称"标定球")以正行程标定时,阀杆提升,使阀的两个滑动阀瓣以分离方向流动。这时阀塞和阀瓣开始转向,两个阀瓣上的密封条与阀腔脱离,按原方向流动的液流开始减少,但仍然保持原流动方向,此时标定压力与管道输油压力相同。当阀再转换位置时(阀位置转换),阀门进口的液流可以通过阀塞上的通孔直接由阀出口流出,阀瓣和阀塞在转向过程中不会对流体流动形成限制,此时标定压力与管道输油压力相等。当阀塞与阀瓣继续旋转时,液流开始转向,标定球开始进行反向行程,阀门工作压力与管道输油压力仍然保持相等,当阀完成旋转(旋转90°)时,阀塞下降,阀瓣伸出靠在阀腔内壁上,液流被完全隔离,阀体上的压力值再次低于管道压力,这样四通阀完成双向体积管在流量计标定过程中的一个正行程的标定。

1.14.3　维护与保养

四通阀的维护不需要每天进行,其维护内容视具体情况而定。

(1)当冬季来临但尚未结冰时,应打开四通阀底部的排污堵头,将四通阀内的积水排空。

(2)保持阀门操作机构内充满润滑油,以防操作机构内积水结冰。操作机构出厂时,在齿轮箱内已加满了合适的润滑油。润滑油应采用十二羟基硬脂酸锂或类似油品。

(3)更换齿轮操作机构:

① 尽可能紧地关闭四通阀;

② 取出联轴器销钉(从定位销方向);

③ 卸下外壳的安装螺栓,取下齿轮操作机构;

④ 按照拆卸的相反顺序安装新的齿轮操作机构(从定位销相同方向插入联轴器销钉);

⑤ 插入联轴器销钉后,从反方向轻叩阀塞轴;

⑥ 检查阀门的动作。

1.14.4　故障与处理

在任何时候,如果阀门密封检漏系统有泄漏指示,且使用手轮加压仍不能中止泄漏,则可采用下列操作:

(1)开关操作阀门一次,使流体流过四通阀,如果压力表仍然显示阀门泄漏,需对密封部分进行检查。

(2)检查密封部分需在阀门放空的状态下进行。将四通阀置于非密封位置(检查压力表系统指示为零),并打开泄压阀。然后打开阀门底盘,取出密封滑块进行检查,若有需要则可更换。通常情况下,每次打开四通阀底盘后,最好更换底盘密封圈。若设备在质保期内,注意保存更换下来的密封滑块。

1.15 减压阀（调节阀）

1.15.1 简介

各个输油气企业的减压阀的主要类型为 FISHER ET 型减压阀（成品油站场）和福斯减压阀（原油站场），使用的执行机构主要为 REXA 电液执行机构。输油气站原油区的福斯减压阀如图 1.15.1 所示。成品油站场的 FISHER 减压阀如图 1.15.2 所示。

图 1.15.1　输油气站原油区的福斯减压阀

图 1.15.2　成品油站场的 FISHER 减压阀

具有减压功能站场的减压阀由调控中心或站控系统控制，应具有自动逻辑调节和手动阀位调节两种模式，自动逻辑调节由站控系统完成。

减压阀应控制上游背压。减压系统的压力设定值宜由调度控制中心给定，或经调度控制中心授权后，其可由站控系统给定，控制权限的变更不应影响减压阀的正常调节，以实现无扰动切换。

具有减压功能的站场进站设有高压报警、出站设有高高压报警，当进站压力达到进站高压报警的设定值时，进行高压报警。当出站压力达到出站高高压报警的设定值时，报警并联锁减压阀关闭。

1.15.2 结构与原理

1.15.2.1 减压阀的结构

减压阀主要由阀体、阀芯、膜片、调压弹簧、复位弹簧等组成。

1.15.2.2 减压阀的工作原理

减压阀通过将进口压力降至某一需要的出口压力，并依靠介质本身的能量，使出口压力自动保持稳定。从流体力学的观点看，减压阀是一个局部阻力可以变化的节流元件，即通过改变节流面积，使流速及流体的动能改变，造成不同的压力损失，从而达到减压的目的。然后依靠控制与调节系统的调节，使阀后压力的波动与弹簧力相平衡，使阀后压力在一定的误差范围内保持恒定。

1.15.2.3 常用减压阀

1.15.2.3.1 活塞式减压阀

该类型的减压阀集两种导阀和主阀于一体。导阀的设计与直接作用式减压阀类似。来自导阀的排气压力作用在活塞上，使活塞打开主阀。如果主阀较大，无法直接打开时，这种设计就会利用入口压力打开主阀。因此，这种类型的减压阀与直接作用式减压阀相比，在相同的管道尺寸下，其容量和精确度（±5%）更高。与直接作用式减压阀相同的是，减压阀内部即可感知压力，无须外部安装传感线。减压阀的结构如图 1.15.3 所示。

1.15.2.3.2 膜片式减压阀

在这种类型的减压阀中，双膜片代替了内导式减压阀中的活塞。增大面积的膜片能够打开更大的主阀，并且在相同的管道尺寸下，膜片式减压阀的容量比内导式活塞减压阀更大。另外，膜片对压力变化更为敏感，精确度可达 ±1%。这种类型减压阀的精确性更高是因为下游传感线的定位（阀的外部）所在位置的气体或液体动荡更少。该种减压阀非常灵活，可以采用不同类型的导阀（如压力阀、温度阀、空气装载阀、电磁阀，或几种阀同时配套适用）。

膜片式减压阀的工作原理如图 1.15.4 所示，阀芯由膜片控制，膜片上方有弹簧力向下作用，膜片下方有流体压力向上作用。当出口处没有介质流动时，出入口的压力瞬间相同,此时作用在膜片下的压力大于弹簧力。膜片向上运动,使阀门关闭。出口压力将保持为设定值。

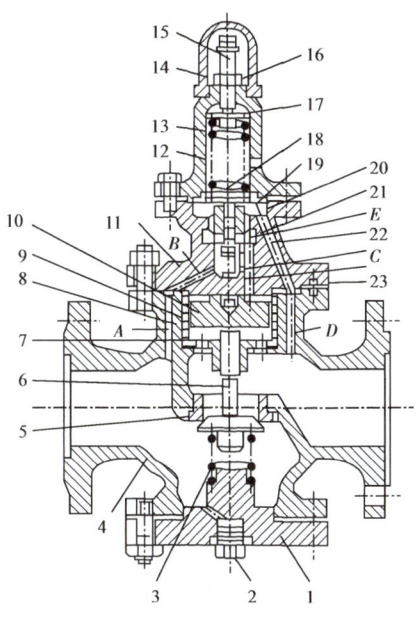

图1.15.3 减压阀结构图

1—端盖;2—螺塞;3—主阀弹簧;4—阀体;5—主阀阀座;6—主阀阀芯;7—汽缸盘;8—汽缸套;9—活塞环;10—活塞;11—阀盖;12—帽盖;13—调节弹簧;14—安全罩;15—调节螺钉;16—锁紧螺母;17—上弹簧座;18—下弹簧座;19—不锈钢膜片;20—脉冲阀阀座;21—脉冲阀阀芯;22—脉冲弹簧;23—定位销

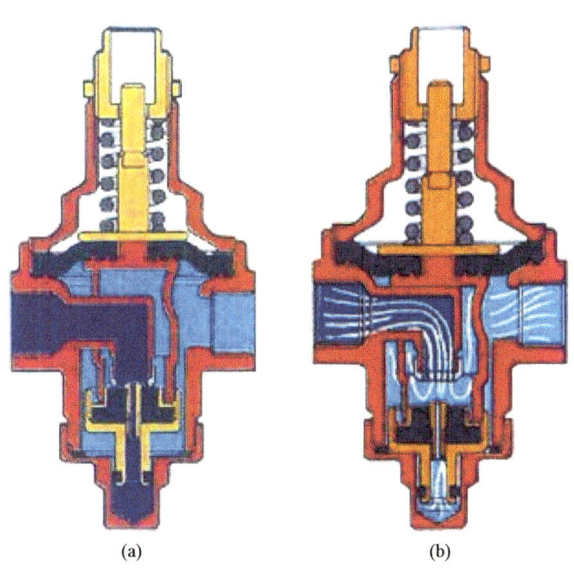

图1.15.4 膜片式减压阀的工作原理示意图

当下游有介质流动时,出口压力下降,膜片在弹簧力的作用下,开启减压阀,直到水压和弹簧力平衡,此时减压阀平稳开启,产生一定的液阻,出口压力将保持为设定值。

稳定出口压力的计算公式如下所示：

（1）关闭平衡时有

$$F = F_{出} + F_{进}$$

（2）当开启平衡时，$p_{出}$ 和 $p_{进}$ 都相应变化，此时有

$$F = (p_{出} + \Delta p_{出}) S_1 + (p_{进} + \Delta p_{进}) S_2$$

$$p_{出} S_1 + p_{进} S_2 = (p_{出} + \Delta p_{出}) S_1 + (p_{进} + \Delta p_{进}) S_2$$

（3）$\Delta p_{出} = (S_2/S_1) \Delta p_{进}$，因为 S_1 远大于 S_2，所以 $\Delta p_{出}$ 远小于 $\Delta p_{进}$，因此，出口压力波动远低于进口压力波动。

其中，F 是作用在膜片上的弹簧力；$F_{出} = p_{出} S_1$，是作用在膜片下的出口压力；$F_{进} = p_{进} S_2$，是作用在阀芯下的进口压力；S_1 是膜片的作用面积；S_2 是阀芯的作用面积。

1.15.2.3.3 直动式减压阀

直动式减压阀是靠进气口的节流作用减压，靠膜片上力的平衡作用和溢流孔的溢流作用稳压。调节弹簧可使输出压力在一定范围内改变。为防止溢流式减压阀排出的少量气体对周围环境造成污染，可采用不带溢流阀的减压阀（普通减压阀）。直动式减压阀的结构如图 1.15.5 所示。

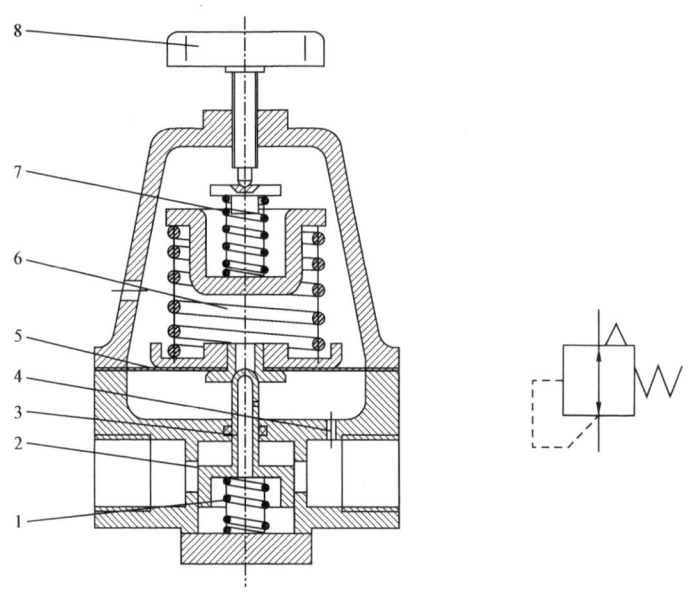

图 1.15.5　直动式减压阀的结构
1—复位弹簧；2—阀口；3—阀芯；4—阻尼孔；5—膜片；6、7—调压弹簧；8—调压手轮

1.15.2.3.4 先导式减压阀

当减压阀的输出压力较高或通径较大时，用调压弹簧直接调压，则弹簧刚度必然过大，流量变化时，输出压力波动较大，阀的结构尺寸也将增大。为了克服这些缺点，可采用先导式减压阀。先导式减压阀的工作原理与直动式减压阀的基本相同。先导式减压阀所用的调压气体，是由小型的直动式减压阀供给的。若把小型直动式减压阀装在阀体

内部,则称为内部先导式减压阀;若将小型直动式减压阀装在主阀体外部,则称为外部先导式减压阀。在主阀体外部,还有一个小型直动式减压阀,由它来控制主阀。此类阀适用于通径在20mm以上、远距离(30m以内)、高处、危险处、调压困难的场合。先导式减压阀的结构如图1.15.6所示。

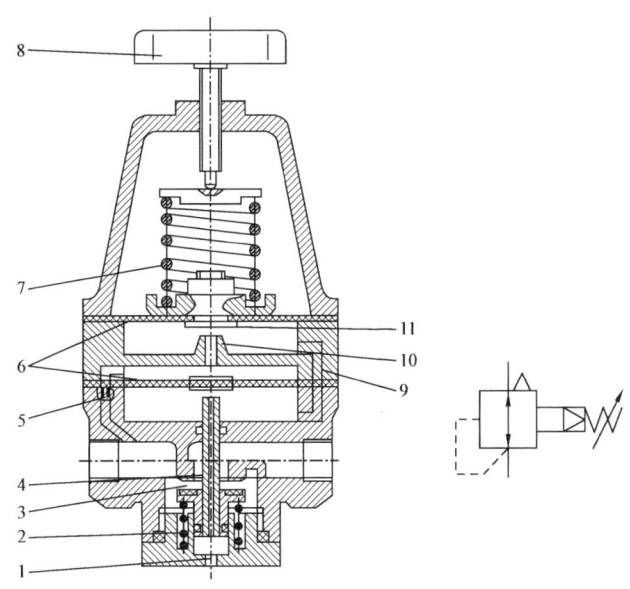

图1.15.6 先导式减压阀的结构
1—排气孔;2—复位弹簧;3—进气节流孔;4—阀芯;5—固定节流孔;6—膜片;
7—调压弹簧;8—调压手轮;9—孔道;10—喷嘴;11—挡板

1.15.3 操作与使用

1.15.3.1 减压阀的安装要求

(1)减压阀的安装应在管道试压、冲洗合格后进行。
(2)减压阀安装前应检查其规格型号是否与设计相符;阀外控制管路及导向阀各连接件是否应有松动;外观是否有机械损伤,并应清除阀内异物。
(3)减压阀的介质方向应与管道介质流向一致。
(4)应在进油侧安装过滤器,并宜在其前后安装控制阀。
(5)可调式减压阀宜水平安装,阀盖应向上。
(6)安装自身不带压力表的减压阀时,应在其前后相邻部位安装压力表。

1.15.3.2 减压阀的操作要求

(1)阀门操作前,一定要先检查阀门外观是否完好、有无泄漏;
(2)远程操作时现场必须有人监护;
(3)就地手动操作前,将电动执行器断电后进行,否则会损坏阀门;

（4）操作阀门时需要给定开度，根据压力调节，需要逐步开启/关闭阀门，防止憋压。

1.15.3.3 减压阀的优缺点

减压阀的优缺点见表1.15.1。

表1.15.1 减压阀的优缺点

优点	动作快，适合远距离传送
	安装方便
缺点	结构复杂
	启闭力量小
	价格贵

1.15.4 故障与处理

减压阀的常见故障与处理方法见表1.15.2。

表1.15.2 减压阀的常见故障与处理方法

序号	故障现象	可能原因	处理方法
1	压力波动不稳定	（1）油液中混入空气； （2）阻尼孔有时堵塞； （3）滑阀与阀体内孔圆度超过规定，使阀卡住； （4）弹簧变形或在滑阀中卡住，使滑阀移动困难或弹簧太软	（1）排除油中空气； （2）清理阻尼孔； （3）修研阀孔及滑阀； （4）更换弹簧
2	出口压力几乎等于进口压力，不减压	（1）泄油口不通或泄油管与回油管相连，并有回油压力； （2）主阀芯在全开位置时卡住	（1）泄油管必须与回油管道分开，单独回入油箱； （2）修理、更换零件，检查油质
3	不稳压，压力振摆大，有时噪声大	（1）减压阀型号与减压要求不匹配； （2）减压阀在超过额定的流量下使用； （3）减压阀进口压力大； （4）弹簧变形或刚度不好，导致压力波动大	（1）更换适用的减压阀； （2）调节分输流量至合适值； （3）减小减压阀的进口压力，将其调节至减压范围内； （4）更换合适的弹簧
4	减压阀关不严	（1）减压阀的进出油口接反； （2）减压阀阀芯损坏； （3）弹簧安装不合适或弹簧损坏； （4）阀内杂质堵塞	（1）检查减压阀的安装方向，按照正确介质流向安装； （2）更换减压阀阀芯； （3）更换弹簧； （4）清理杂质
5	法兰泄漏	（1）螺栓松动； （2）密封垫片损坏	（1）拧紧螺栓； （2）更换垫片

1.16 呼 吸 阀

1.16.1 结构与原理

1.16.1.1 呼吸阀的结构

呼吸阀是指既保证储罐空间在一定压力范围内与大气隔绝，又能在超过或低于此压力范围时与大气相通（呼吸）的一种阀门。呼吸阀的作用是防止储罐因超压或真空导致破坏，同时可减少储液的蒸发损失。呼吸阀主要由阀座、阀罩、保护罩，以及由真空和压力控制的两组启闭装置组成。启闭装置包括阀瓣、导杆、弹簧、弹簧座及密封环等。呼吸阀的结构组成如图1.16.1所示，全天候呼吸阀如图1.16.2所示，全天候呼吸阀铭牌如图1.16.3所示。

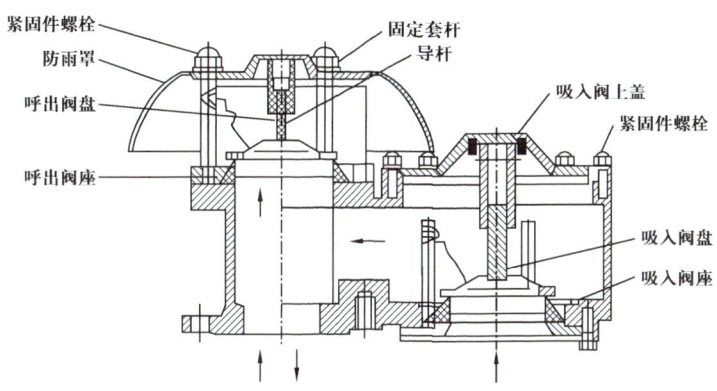

图1.16.1 呼吸阀的结构组成

图1.16.2 全天候呼吸阀

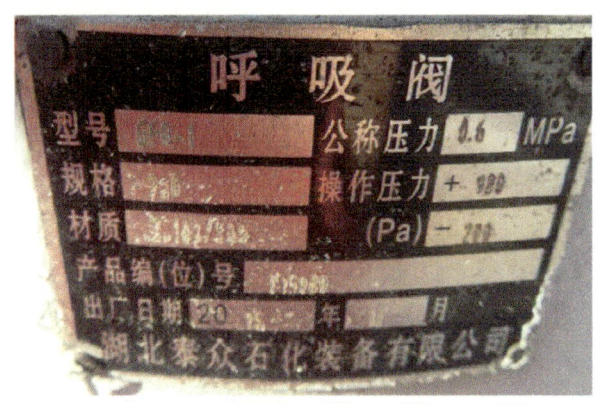

图 1.16.3　全天候呼吸阀铭牌

1.16.1.2　呼吸阀的工作原理

机械呼吸阀是靠阀盘自身的重量，控制油罐的呼气压力或吸气真空度，保持罐内的一定压力，其压力阀的额定控制压力一般为2kPa，真空阀的额定控制压力一般为 −0.5kPa。当罐内油气压力大于油罐允许压力时，油蒸气经压力阀外逸，此时真空阀处于关闭状态；当罐内油气压力小于油罐允许真空度时，新鲜空气通过真空阀进入罐内，此时压力阀处于关闭状态，允许压力（或真空压力）靠调节盘的重量来控制。负压呼吸阀吸气如图 1.16.4 所示，正压呼吸阀出气如图 1.16.5 所示。

图 1.16.4　负压呼吸阀吸气

图 1.16.5　正压呼吸阀出气

1.16.2 呼吸阀性能及特点

1.16.2.1 GFQ 呼吸阀的性能特点

（1）呼吸阀的阀体能承受 0.6MPa 的压力，无渗透和变形现象；

（2）保温呼吸阀耐低温性能在空气相对湿度大于 70%、最低温度为 −40℃时，经过 24h 的冷冻后，其阀盘开启压力符合工作压力要求；

（3）呼吸阀的阀盘部件动作时，灵敏度高，动作完成后，保证密封；

（4）呼吸阀内留有足够的空间，保证储罐的通气量。

1.16.2.2 呼吸阀的优点

（1）维护储罐气压平衡；

（2）减少介质挥发；

（3）利用蒸汽传热的原理，保护呼吸阀内件不易被冻结；

（4）结构精简，通气量大、泄漏量小；

（5）耐腐蚀、保温。

1.16.3 维护与保养

为了维护呼吸阀的安全，必须在一定的时间段内定期为呼吸阀做全面检查保养。

（1）首先应该将呼吸阀拆开，认真清洗波纹，防止波纹上的积垢影响呼吸阀的顺畅打开关闭。

（2）阻火层的小孔也是必须检查的内容，每一个孔都务必保持通透，不然会影响安全操作。

（3）通风口的阀盘是呼吸阀中最灵活，也是最常用的部件，所以在维护中，必须检查阀盘的灵活程度，以及连接杆是否稳固。

（4）阀盘的密封性对于呼吸阀来说非常重要，检查压盖衬垫是否严密，一旦发现密封性有损坏迹象，要及时换新。检查过程也要注意不能产生新的破坏，注意给螺栓加油。

（5）保养周期：一季度、四季度每月检查两次；二季度、三季度每月检查一次。检查方法为：先将阀盖轻轻打开，把真空阀盘和压力阀盘取出，检查阀盘与阀盘密封处、阀盘导杆与导杆套有无油污和脏物，如出现油污和脏物，应清除干净，然后装回原位，上下拉动几下，检查开启是否灵活可靠。

1.16.4 故障与处理

呼吸阀的常见故障与处理方法见表 1.16.1。

表 1.16.1　呼吸阀的常见故障与处理方法

常见故障	故障原因	处理方法
漏气	由于锈蚀、硬物划伤阀与阀盘的接触面，阀盘或阀座变形及阀盘导杆倾斜	更换或维修损坏部件
卡死	呼吸阀安装不正确、油罐变形导致阀盘导杆歪斜、阀门锈蚀	重新安装呼吸阀；清理锈蚀阀门
黏结	有蒸汽、水分与沉积于阀盘、阀座、导杆上的尘土等杂物混合发生化学物理变化，久而久之使阀盘与阀座或导杆黏结在一起	清理阀盘与导杆之间的凝结物，拆卸呼吸阀清洗波纹，清除积垢
堵塞	长时间未保养使用，致使尘土、锈渣等杂物沉积于呼吸阀的呼吸管内；蜂鸟等在呼吸阀口筑巢	定期维护保养；及时清理呼吸阀口附近的鸟巢等
冻结	气温变化，空气中的水分在呼吸阀的阀体、阀盘、阀座和导杆等部位凝结	定期检查，发现冻结及时加热处理

1.17 电 磁 阀

1.17.1 电磁阀介绍

电磁阀（electromagnetic valve）是用电磁控制的工业设备，是用来控制流体的自动化基础元件，属于执行器，并不限于液压、气动。电磁阀用在工业控制系统中调整介质的方向、流量、速度和其他参数。电磁阀可以配合不同的电路来实现预期的控制，而控制的精度和灵活性都能够保证。电磁阀有很多种，不同的电磁阀在控制系统的不同位置发挥作用，最常用的是单向阀、安全阀、方向控制阀、速度调节阀等。

1.17.2 电磁阀分类

电磁阀由电磁线圈和磁芯组成，是包含一个或几个孔的阀体。当线圈通电或断电时，磁芯的运转将导致流体通过阀体或被切断，以达到改变流体方向的目的。电磁阀的电磁部件由固定铁芯、动铁芯、线圈等部件组成；阀体部分由滑阀芯、滑阀套、弹簧底座等组成。电磁线圈被直接安装在阀体上，阀体被封闭在密封管中，构成一个简洁、紧凑的组合。在生产中常用的电磁阀有二位二通、二位三通、二位四通、二位五通等。二位对于电磁阀来说就是带电和失电，对于所控制的阀门来说就是开和关。

电磁阀里有密闭的腔，在不同位置开有通孔，每个孔连接不同的油管，腔中间是活塞，两面是两块电磁铁，哪边的磁铁线圈通电，阀体就会被吸引到哪边。通过控制阀体的移动来开启或关闭不同的排油孔，而进油孔是常开的，液压油就会进入不同的排油管，然后通过油的压力来推动油缸的活塞，活塞又带动活塞杆，活塞杆带动机械装置。如此，通过控制电磁铁的电流通断就控制了机械运动。电磁阀主要有三种结构，分别是直动式电磁阀、分步直动式电磁阀、先导式电磁阀。

1.17.2.1 直动式电磁阀

（1）原理：通电时，电磁线圈产生电磁力把关闭件从阀座上提起，阀门打开；断电时，电磁力消失，弹簧把关闭件压在阀座上，阀门关闭。

（2）特点：在真空、负压、零压时能正常工作，但通径一般不超过25mm。

直动式电磁阀的结构如图1.17.1所示。

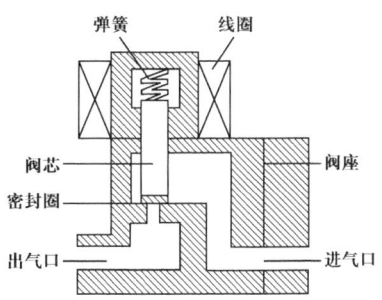

图1.17.1 直动式电磁阀的结构

1.17.2.2 分步直动式电磁阀

（1）原理：它是一种直动和先导式相结合的电磁阀，当入口与出口没有压差时，通电后，电磁力直接把先导小阀和主阀关闭件依次向上提起，阀门打开。当入口与出口达到启动压差时，通电后，电磁力先导小阀，主阀下腔压力上升，上腔压力下降，从而利用压差把主阀向上推开；断电时，先导阀利用弹簧力或介质压力推动关闭件向下移动，使阀门关闭。

（2）特点：在零压差或真空、高压时亦能动作，但功率较大，要求必须水平安装。

分步直动式电磁阀的结构如图1.17.2所示。

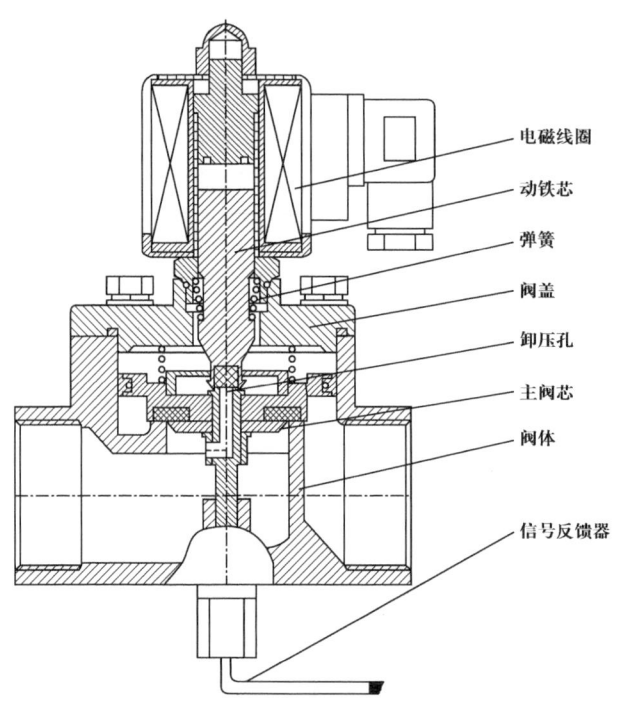

图1.17.2　分步直动式电磁阀的结构

1.17.2.3　先导式电磁阀

（1）原理：通电时，电磁力把先导孔打开，上腔室压力迅速下降，在关闭件周围形成上低下高的压差，流体压力推动关闭件向上移动，阀门打开；断电时，弹簧力把先导孔关闭，入口压力通过旁通孔迅速在腔室的关阀件周围形成下低上高的压差，流体压力推动关闭件向下移动，关闭阀门。

（2）特点：流体压力范围上限较高，可任意安装（需定制），但必须满足流体压差条件。

先导式电磁阀的结构如图1.17.3所示。

1.17.3　电磁阀安装的注意事项

（1）收货时应核对电磁阀标牌或标签上的型号、参数是否与订货时提供的型号、参数一致，若有错误，马上与供方取得联系。

（2）安装前应仔细阅读使用说明书，检查现场的实际工况参数是否在所购产品的使用范围内，若现场工况参数超过允许范围，立即停止安装或使用，并向供方咨询，以免引发事故或损坏产品。

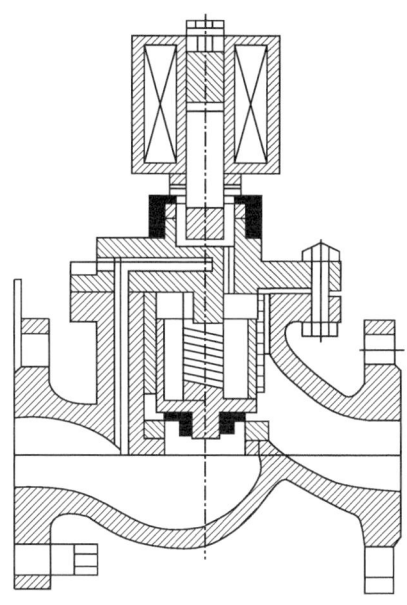

图 1.17.3　先导式电磁阀的结构

（3）严格按照安装操作步骤进行，牢记注意事项和要点，安装前做好充分准备工作。

（4）在电磁阀与管道连接之前，先用压力不小于 0.3MPa 的空气或水对管道进行冲洗，确保把管道中的杂质（如焊渣、密封残物、污垢等）清除后再连接电磁阀。

（5）电磁阀不宜安装在管道的低凹处，若是安装在容器排放管道段时，管道出口应尽量不要从容器底部引出，以免因容器底部沉积杂质冲出后进入电磁阀引起故障，所以管道出口应从容器底部稍上位置引出。

（6）电磁阀一般只能单向使用，不可装反，通常阀体上的"→"标志表示介质流向，或以"IN"表示入口、以"OUT"表示出口，务必按此指示方向安装，否则当流体到达电磁阀处时，会产生自动开启或泄漏现象。

（7）接管时注意密封材料不可使用过量，如螺纹连接时，接管外螺纹长度不可超过电磁阀内螺纹的有效长度，并在外螺纹前端半螺距处用锉刀倒棱，自螺纹 2 牙处开始缠绕密封带，否则会因过量的密封带或黏结剂残渣进入电磁阀的内腔引起故障。

（8）电磁阀对流体的要求：应确保流体无杂质、不结晶、不凝固、不结垢、不结膏、黏度小于 22cSt❶，否则会引起故障。同时应在电磁阀的前端管道上安装过滤器，且过滤器的滤网目数应不小于 60 目，以避免杂质进入电磁阀。

（9）注意所订购产品的防护等级，普通型产品不可在易燃易爆的危险场合使用，IP54 级产品不宜安装在露天、严重漏水、溅水的地方。

（10）电磁阀应安装于水平管道（图 1.17.4），线圈应竖直向上，不得垂直安装（图 1.17.5），否则会引起泄漏和影响电磁阀的使用寿命。

（11）电磁阀的安装位置应预留一定操作空间，以便于日常保养和定期维护。

---

❶ $1\text{cSt}=1\text{mm}^2/\text{s}$

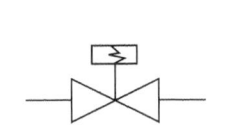
图 1.17.4 正确的安装方式

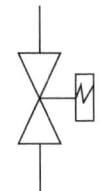
图 1.17.5 错误的安装方式

（12）在管道刚性不足或有水锤现象存在的情况下，建议把阀前后管子用支架或其他方式固定，以防电磁阀工作时引起振动。

（13）电磁阀在冰冻或严寒场所使用时，须用隔热材料对管道和阀体加以保温，或在管道上设置加热器。

（14）电磁阀与管道接好后，要进行正向打压（切勿反向打压，否则会损坏电磁阀），检查电磁阀及接管处是否有泄漏。

（15）对于配有标准接线盒的电磁阀，应将塑料接线盒拆下打开，将出厂时的测试电源线去掉后，将用户电源线连接到端子上并固定。而对于导线或引线式的电磁阀，则不能去除测试电源线，直接将导线与用户电源线连接。

（16）与电磁阀相关的电源控制线路及设施，如继电器、开关和接触器等，应连接牢固、不得有松动或振动。电气回路要接入相应的保险线，作为电气回路的保护，否则将影响电磁阀的正常工作或导致损坏。

（17）为便于电磁阀的正常维护或电磁阀发生故障时的维修更换，并保证系统的正常运行，建议采取如图 1.17.6 和图 1.17.7 所示的备用管路方案。

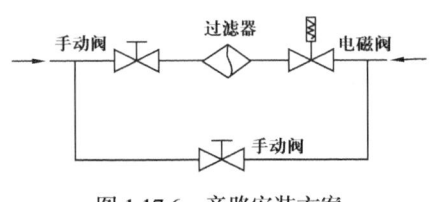
图 1.17.6 旁路安装方案

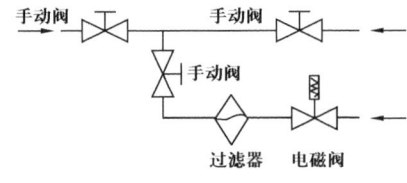
图 1.17.7 分路安装方案

（18）电磁阀安装后，经检查前期的准备试验工序完成后，须通入流体试动作 3～5 次，确认正常后方可投入正式使用。

（19）如果订购电磁阀时，告诉供方电磁阀是通液体的，而试验时向其通入气体，如果由此产生泄漏或泄漏超标，则属正常现象，因为气体和液体存在密度和黏度差别，此时向电磁阀通入液体，就不会出现泄漏或泄漏超标。

（20）用户订购的产品为防爆型电磁阀时，同时应遵守以下事项：

① 该型电磁阀的安装使用应遵守 GB/T 3836.15—2017《爆炸性环境 第 15 部分：电气装置的设计、选型和安装》中的规定，并在本产品所允许的场所使用；

② 严格遵守断 10min 电后开盖，产品的接地连接部位应与现场接地装置可靠接地；

③ 引出电缆线应采用阻燃护套管，护套的外径尺寸为 55～60mm；
④ 电磁阀的维修、保养应由具有相应资质的专业人员执行。

1.17.4 故障与处理

电磁阀的故障将直接影响到切换阀和调节阀的动作，常见的故障有电磁阀不动作等，具体发生原因及处理方法等见表 1.17.1。

表 1.17.1 电磁阀的常见故障与处理方法

故障	原因	处理方法
控制输出电源后，电磁阀的动磁芯无吸合动作声	（1）线圈没有接通电源； （2）电源接触不良或端子松动； （3）电源电压过高或过低； （4）线圈断路或短路（万用表可测出：电阻值为 0 或者无穷大时）	（1）用万用表或电笔直接检测线圈接线盒处是否有电； （2）打开线圈接线盒，拧紧电线端子螺丝； （3）调整电压或给供电、控制设备增加稳压装置； （4）更换线圈
通电后动磁芯有吸合动作声，但电磁阀没打开	（1）流体超过最大工作压力或压差； （2）动磁芯和阀内有杂质堵塞或卡住； （3）使用时间过长或寿命到期	（1）降低流体输送压力或在电磁阀前增加减压设施； （2）拆开电磁阀清洗，并在阀前安装过滤器； （3）更换新的电磁阀
通电时噪声过大	（1）线圈顶上的螺母松动； （2）电压波动超过允许公差范围； （3）流体压力或压差超出允许范围； （4）隔磁管内或动磁芯吸合面黏有杂物	（1）拧紧螺母，或在线圈下面加一个软密封垫圈； （2）调整电源的电压或增加稳压设施； （3）降低流体输出压力，或在电磁阀前增加减压装置； （4）清洗隔磁管和动磁芯
线圈过热	（1）电压过高或过低； （2）流体温度或环境温度过高； （3）长期超负荷或带电使用	（1）调整电源的电压或增加稳压设施； （2）若温升没有超标，则属正常现象，否则更换为高温型电磁阀； （3）选配节能模块，或针对工况需要选择常开型电磁阀
断电后，电磁阀不能关闭或关不死，存在内漏（指常闭型）	（1）流体黏度过高并超标； （2）动磁芯和阀内有杂质堵塞或卡住； （3）阀芯密封圈被坚硬杂质划伤破坏； （4）复位弹簧变形或弹簧疲劳老化； （5）阀座黏附脏物或被硬物划伤破坏； （6）密封垫脱落、缺陷、变形、破损； （7）阀芯磨损，或使用寿命到期	（1）定购适应高黏度的电磁阀； （2）拆开电磁阀清洗内件，并在阀前安装过滤器； （3）清洗杂质、研磨密封面、更换密封件或阀芯组件； （4）纠正、拉伸弹簧或更新弹簧； （5）清洗杂质、脏物，研磨阀座； （6）更换新的密封件； （7）更换新的阀芯或重新买新的电磁阀
电磁阀外漏	（1）连接处松动； （2）连接处密封件损坏； （3）受到碰撞或安装时用力过猛，造成阀体或零部件裂纹、破裂	（1）拧紧泄漏处的螺栓或紧固螺母； （2）拆开更换密封件； （3）更换受损的零部件或阀体

2 输油气工艺设备

把分散的油井所生产的石油、伴生天然气和其他产品集中起来,经过必要的处理、初加工,将合格的油和天然气分别外输到炼油厂和天然气用户所用的工艺设备称为输油气工艺设备,主要包括拱顶罐、离心式输油泵、燃气锅炉、清管器接收(发送)筒、磁性过滤器、滑片泵等工艺设备。

2.1 拱 顶 罐

拱顶罐是供水击泄放的储油罐，收集顺序输送时产生的混油，以及当埋地污油罐的液位接近报警范围时，将污油用转油泵输送到泄压罐（拱顶罐）中。

2.1.1 结构

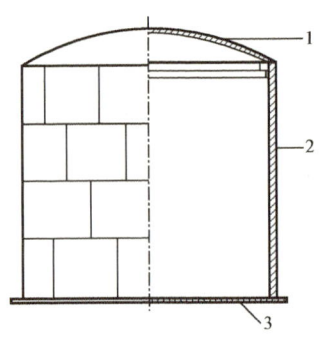

图 2.1.1 拱顶罐简图
1—罐顶；2—罐壁；3—罐底

目前，拱顶罐是最常见的一种金属储罐，其特点是结构简单、建造费用低、占地面积小、操作方便，但缺点是油品蒸发损耗加大、安全性较差等。

拱顶储罐是一种罐顶为球冠状、罐体为圆柱形的钢制容器（图2.1.1）。储油罐由底板、壁板、顶板及油罐附件组成。油罐一般有以下安全设施：机械呼吸阀、液压安全阀、阻火器、采光孔、量油孔、人孔、进出油管、泡沫发生器、静电接地线、放水管与放水阀、梯子和栏杆等。在油罐的使用过程中，这些安全设施要求保持完好的状态。

2.1.2 拱顶罐通用附件

2.1.2.1 储罐量油孔

量油孔是油罐人工检尺测量的附件，它是测量罐内油面高度、油品温度和采取油样的专用附件，每个油罐设置一个量油孔。量油孔安装在罐顶部梯子平台附近，孔径通常为150mm。量油孔一般为铸铝的，距罐壁的距离约为1m。为了防止关闭孔盖时因撞击而产生火花，量油孔孔盖上镶嵌有塑料或由耐油橡胶制成的垫圈。量油孔如图 2.1.2 所示。

(a) 量油孔

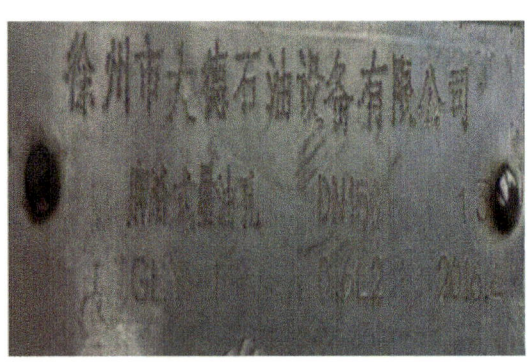

(b) 铭牌

图 2.1.2 量油孔及铭牌

在量油孔内壁的一侧装有导向槽，测量油面高度时沿导向槽下尺，这样可减少测量误差。量油孔开关频繁，易损坏漏气，因此应经常检查其垫圈的严密性。

2.1.2.2 机械呼吸阀

机械呼吸阀由压力阀和真空阀两部分组成，现在油罐普遍采用全天候机械呼吸阀，这种呼吸阀为阀座相互重叠的重力式结构，其特点是阀盘与阀座之间采用带空气垫的软接触，因而气密性好，不容易结霜冻结，特别适宜寒冷地区使用。

机械呼吸阀通过控制油罐的呼气压力或吸气真空度，保持罐内一定压力，其压力阀的额定控制压力一般为 2kPa，真空阀的额定控制压力一般为 −0.5kPa。当罐内油气压力大于油罐允许压力时，油蒸汽经压力阀外逸，此时真空阀处于关闭状态；当罐内油气压力小于油罐允许真空度时，空气通过真空阀进入罐内，此时压力阀处于关闭状态，使压力不再下降，防止油罐抽瘪。呼吸阀的结构简图如图 2.1.3 所示，全天候呼吸阀如图 2.1.4 所示。

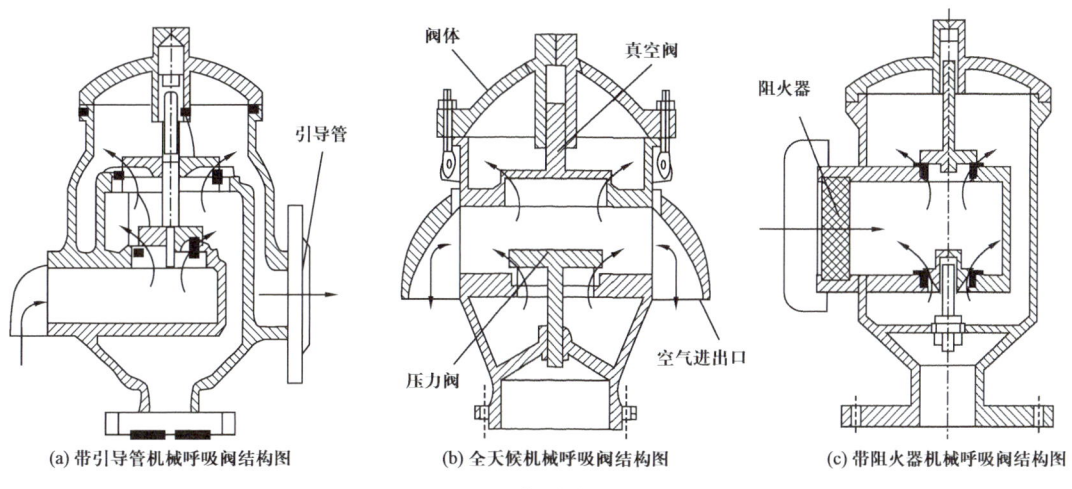

图 2.1.3　呼吸阀结构简图

图 2.1.4　全天候呼吸阀

2.1.2.3 阻火器

阻火器又称"油罐防火器",是油罐的防火安全设施。它装在机械呼吸阀或液压安全阀下面,内部装有许多铜、铝或其他高热容金属制成的丝网或皱纹板,当外来火焰或火星通过呼吸阀进入阻火器时,金属网或皱纹板能迅速吸收燃烧物质的热量,使火焰或火星熄灭,从而防止油罐着火。阻火器铭牌如图2.1.5所示。

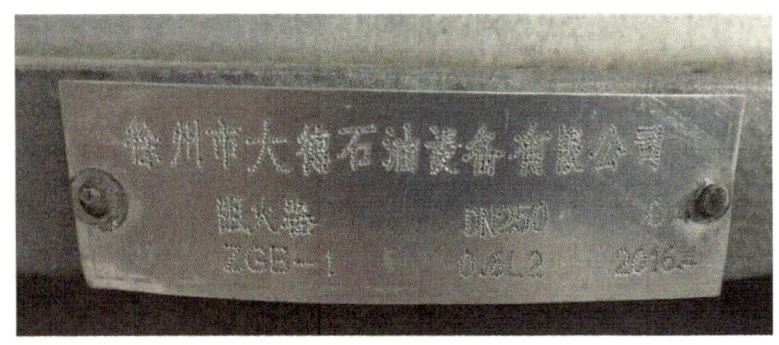

图 2.1.5 阻火器铭牌

2.1.2.4 紧急泄放阀

紧急泄放阀是一种可进一步提高油罐安全使用性能的重要设备,它的工作压力比机械呼吸阀要高出5%~10%。正常情况下,它是不动的,当出现以下情况,紧急泄放阀动作,它将起到油罐安全密封和防止油罐损坏的作用。

(1)当机械呼吸阀因阀盘锈蚀或卡住而发生故障;
(2)油罐收付作业异常而出现罐内超压;
(3)罐内真空度过大时。

2.1.2.5 液位计变送器

目前所有站场的液位监控设备均为液位变送器,其将油罐液位监控参数发送至站控,设置有液位报警值(低报、低低报、高报、高高报)。液位计变送器如图2.1.6所示。

(a) 液位计变送器

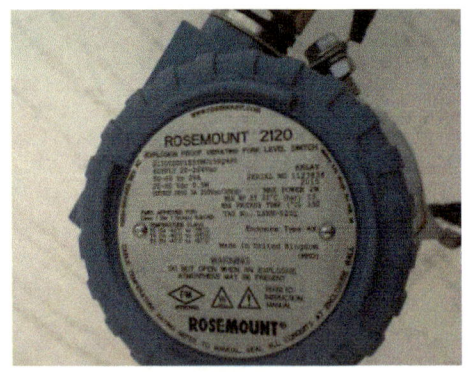
(b) 铭牌

图 2.1.6 液位计变送器及铭牌

2.1.2.6 人孔

人孔是供清洗和维修油罐时，操作人员进出油罐而设置的（图2.1.7）。拱顶罐的人孔都装在管壁最下层圈板上，且和罐顶上方透光孔相对。人孔直径多为600mm，孔中心距罐底750mm。

2.1.2.7 透光孔

透光孔也称"采光孔"，是供油罐清洗或维修时采光和通风所设（图2.1.8）。透光孔通常设置在进出油管上方的罐顶上，直径一般为500mm，外缘距罐壁800～1000mm，它的设置数量与人孔相同。

图2.1.7 人孔

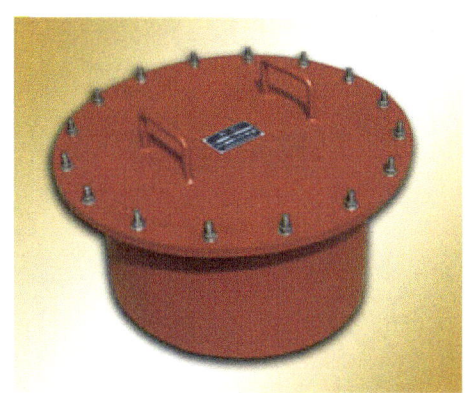

图2.1.8 透光孔

2.1.2.8 扶梯和栏杆

扶梯是专供操作人员上罐检尺、测温、取样、巡检而设置的，有直梯和旋梯两种，所有拱顶罐均采用旋梯。盘梯如图2.1.9所示。

2.1.2.9 脱水管

脱水管也称"放水管"，是专门为排除罐内污水和清除罐底污油残渣而设的（图2.1.10）。

图2.1.9 盘梯

图2.1.10 脱水管

冬天可根据站场气候环境做好脱水阀的保温，以防冻凝或阀门冻裂。

2.1.2.10 消防泡沫室

消防泡沫室又称"泡沫发生器"，是固定于油罐上的灭火装置（图2.1.11）。泡沫发生器一端和泡沫管线相连，一端带有法兰焊在罐壁最上层圈板上。

图2.1.11 泡沫发生器

2.1.2.11 接地线

接地线是消除油罐静电的装置。

2.1.3 操作与使用

2.1.3.1 一般安全要求

（1）上罐检查须知如下：

① 严禁5级以上大风时上罐；
② 严禁5人同时上罐；
③ 严禁穿钉子鞋上罐；
④ 严禁雷雨雪天上罐；
⑤ 严禁使用非防爆照明器具上罐。

（2）油罐区要经常保持清洁和整齐，油罐20m或挡油墙内无干草，并禁止存放可燃物。

（3）油罐区的管线必须有流程图，阀门有编号。

① 油罐和附件必须保证完好；
② 油罐区阀门必须保持灵活好用；
③ 油罐上的量油孔盖好；
④ 油罐储油量必须班班检尺，检尺时要在油面静止 30min 后进行；
⑤ 油罐、油管线检修动火，必须严格执行动火制度，并进行彻底的清洗吹扫，经测定分析可燃气体含量在爆炸极限下限时，封住下水井，进行全面检查，再采取可靠安全措施后，方可动火；
⑥ 油罐进出口阀门及排污阀门应有可靠的防寒措施，以防冻结。

2.1.3.2 日常维护保养

（1）各人孔、排水阀、阀门密封圈及活动法兰应不渗不漏；
（2）盘梯、罐顶及平台、量油孔等处应保持清洁卫生，做到清洁，无油污；
（3）根据不同季节、地区，定期对液压呼吸阀更换合格的油品，并保持正常油位；
（4）油罐的梯子、罐顶及罐顶操作台等，要经常检查其强度，发现破损应尽快处理，防止因强度不足而导致人身事故；
（5）阀门、呼吸阀、液压阀、阻火器、防雷装置、防静电装置、泡沫灭火发生器等必须保证清洁、完好；
（6）检查量油口及其垫片是否保持完好，发现破损应及时更换。

2.1.3.3 人工检尺

（1）上罐后，站到上风处，缓慢打开量油孔盖，在固定下尺点下尺。
（2）量油尺将要触及油面时，要缓慢下尺且不允许倾斜、摇摆。
（3）下尺后静止 10s，记下下尺深度后再上提油尺，当尺面所带油痕面升到量油口时，记住量油尺黏油刻度，继续上提量油尺，并用面纱不断擦去量油尺上的原油，直到全部提出量油尺。按规定读取读数，做好记录。
（4）每次检尺至少要连续进行两次（误差小于 1mm。对于重油，误差应小于 2mm），测量结果取两次测量的平均值。

检实高方法：对于黏度不大的油品，如成品油，下尺尺寸为罐高（罐底到量油孔的尺寸），沾油尺寸即为储油罐实高。检空高方法：对于黏度大的油品，如原油，下尺到沾油即可，用罐高减去下尺尺寸，再加上沾油尺寸，算出的结果就是储油罐液位。储油罐油面高度检尺示意图如图 2.1.12 所示。

储油罐油面高度的计算公式：

$$H_Y = H - (H_1 - H_2)$$

式中 H_Y——储油高度，m；
　　　H——油罐全高（量油孔至罐底高度），m；
　　　H_1——尺带对准量油孔上部基准点的读数，m；

H_2——尺带被浸没部分的读数，m。

（5）油罐检尺要求进油后半小时，油面静止后才可下尺，运行罐检尺精确到厘米，静止罐盘库下尺精确到毫米。

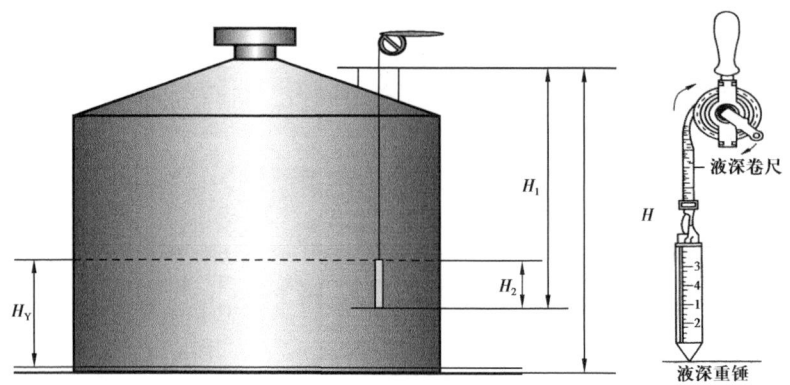

图 2.1.12　储油罐油面高度检尺示意图

（6）检尺完毕后，缓慢关闭量油孔盖，并将手轮锁紧，擦净量油尺。

（7）将检尺数据与显示数据比对，检查液位变送器的显示误差。

2.1.3.4　转油

以安保线楚雄分输泵站为例，结合站场工艺流程，制定泄压罐转油操作流程及要求。

（1）安全事项：

① 开关阀门时应缓开慢关，人员站立于阀门侧方。

② 防护用具齐全，运用熟练，劳保护具穿戴整齐，使用防爆工器具。

③ 出现异常情况，按相应的应急预案进行处理。

④ 操作期间，所有人员站立在指定区域，请勿随意走动。

⑤ 操作人员必须按照操作票操作，不得违章操作。

⑥ 现场人员不得违章指挥。

⑦ 现场人员未经允许，请勿进入工艺区。

⑧ 现场非作业人员严禁操作现场的任何设备、阀门及设施等。

⑨ 拍照人员必须得到批准，才可在指定位置拍照，严禁进入警戒区内拍照，严禁携带非防爆电子设备。

⑩ 现场操作人员在操作前释放人体静电。

⑪ 发生紧急情况，在场站安全人员的带领下按照逃生路线有序撤离，请勿乱跑乱撞。

（2）前期准备工作：

① 向分控中心申请泄压罐转油作业，同意后方可作业，并向调度汇报作业的开始、结束时间。

② 按泄压罐转油操作票进行演练。

③ 确认站场操作人员、维修人员到位。

④ 确认安全设施、工器具已摆放到指定位置。

⑤ 操作人员穿戴整齐劳保护具,佩戴护目镜,携带相应工具、对讲机,现场配备灭火器,可燃气体检测仪。

⑥ 作业至少由三名人员配合完成:一人唱票、一人操作、一人监护。每步操作完成时均应向站控汇报,并申请进行下一步操作。

(3) 操作步骤(以各站的装车操作票为准+制表):

① 将罐车装车接口,与快速接口连接牢靠;罐车接地。

② 确认罐前阀全开;全开罐前阀、泵入口阀;将泵出口阀开度开到10%;根据罐车进油速度需要,打开节流截止阀到适当开度。

③ 按启泵按钮启泵,当电流回落或泵达到正常转速后,全开泵出口阀。

④ 当罐车油位适宜,或泄压罐油位到最低允许油位0.3m时,将泵出口阀节流截止阀关闭到10%,按停泵按钮停泵。

⑤ 当泵完全停止后,全关泵出口阀、进口阀;关闭节流截止阀;关闭泄压罐的罐前阀。

⑥ 卸开快速接头,卸开罐车接地线。

⑦ 报告分控中心收球作业完成,流程已恢复。

⑧ 清理现场,人员撤离。

2.1.4 故障与处理

2.1.4.1 储油罐溢罐

(1) 故障原因。

① 未及时倒罐或操作不当;

② 旁接式输油时,未及时掌握来油量的变化;

③ 液位计失灵;

④ 密闭输油时,未及时发现泄压阀误动作。

(2) 处理方法。

对于储油罐溢罐故障,处理方法为停输。

2.1.4.2 储油罐抽瘪

(1) 故障原因。

① 呼吸阀或安全阀冻凝或锈蚀;

② 阻火器堵塞;

③ 呼吸阀选型不合理,流通面积过小。

(2) 处理方法。

① 停止油罐的收发油作业;

② 改变运行方式，倒密闭运行；

③ 检修储罐。

2.1.4.3 油罐着火事故

（1）故障原因。

① 油罐量油孔内衬里脱落，检尺时与钢卷尺摩擦产生火花，引燃油蒸气；

② 油罐呼吸阀下没有装设阻火器，或油罐封闭不严、飞火进入，引燃油蒸气；

③ 油罐作业时，使用不防爆的灯具或违章使用明火等；

④ 在罐区使用铁器撞击或穿钉子鞋上罐操作，产生火花引起燃烧；

⑤ 油罐静电接地装置失灵。因油品冲击而在罐壁上集聚的静电荷在一定的条件下放电打火；

⑥ 油罐遭受雷击。防雷电接地线不能导除全部雷电电流，产生高温热效应导致着火，或雷电直接引燃油蒸气；

⑦ 油罐清扫后，在有残余油蒸气的情况下，检修油罐时使用明火引起着火；

⑧ 油罐中含硫油品的沉积物在清除时自燃；

⑨ 油罐区内长有杂草或其他易燃物着火。

（2）处理方法。

① 立即报告并投用各种消防设施灭火，用水冷却罐壁，同时停止着火油罐的一切作业；

② 油罐着火，若火情一时不能被扑灭，应倒出罐内存油，倒油温度控制在规定范围内，对于与之相邻的油罐，可视情况采取倒罐、冷却罐壁、筑挡火堤、各孔口用泡沫或防火物品堵塞等措施；

③ 采取一切手段，防止着火油流蔓延。

2.2 离心式输油泵

2.2.1 结构

2.2.1.1 离心式输油泵简介

离心式输油泵的主要过流部件有吸水室、叶轮和压水室，用来输送汽油、煤油、柴油、航空煤油等石油产品，其介质温度范围为 $-20\sim80℃$，是一种优良的船用装卸油泵。离心式输油泵既适用于陆地油库、油罐车等储油装置的油料输送，也可以用来输送海水、淡水等。

叶轮是离心泵的核心部分，它的转速高、输出力大，叶轮上的叶片起到主要作用，叶轮在装配前要通过静平衡试验。叶轮上的内外表面要求光滑，以减少水流的摩擦损失。

离心式输油泵的主要性能参数包括：Q 是体积流量，单位为 m^3/s、m^3/h、L/s 等；H 是扬程，即泵所抽送的单位质量液体从泵进口处（泵进口法兰）到泵出口处（泵出口法兰）能量的增值，也就是 1kg 液体通过泵获得的有效能量，单位为 m；N 是泵的功率，通常指输入功率，即电动机传到泵轴上的功率，故又称"轴功率"，单位为 kW；NPSHr 是泵汽蚀余量，又称"必需汽蚀余量"，是规定泵要达到的汽蚀性能参数，NPSHr 越小，泵的抗汽蚀性能越好，单位为 m。

2.2.1.2 结构类型

本部分以 530DY550-HY 型号储泵为例，简要讲述离心式输油泵的基本结构。

型号含义：530DY550-HY 的含义为：530——泵流量为 530m^3/h；D——多级泵；Y——输送介质为油品；550——泵扬程为 550m；HY——产品标志。

总体结构：水平轴向抛分（上下泵壳分开），维护方便，两端支撑，叶轮独立固定，叶轮背对背安装，轴向力自平衡。叶轮为四级叶轮，吸入室为半螺旋结构，压出室为双蜗壳，断面为梯形。离心泵的水平剖分图如图 2.2.1 所示。离心式输油泵的实物图如图 2.2.2 所示。

2.2.1.2.1 泵壳体

此型号泵为水平中开式结构（壳体三维验算壳体强度），进出口均铸在下泵体上，方便进行水力流道检查，便于转子的检查和更换。在进行维护或更换转子零件时，无须拆卸进、出口管路。为了使水力损失降至最低，从理论上讲，过渡流道应该是圆形断面，但考虑到铸造工艺性等问题，过渡流道一般都采用矩形流道加圆角的结构。输油泵的水力三维图如图 2.2.3 所示，输油泵的壳体三维图如图 2.2.4 所示。

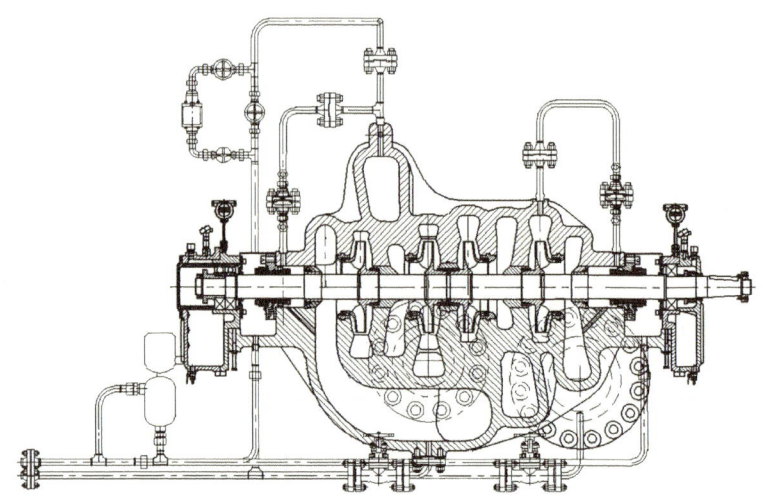

图 2.2.1　离心泵的水平剖面图

图 2.2.2　离心式输油泵实物图

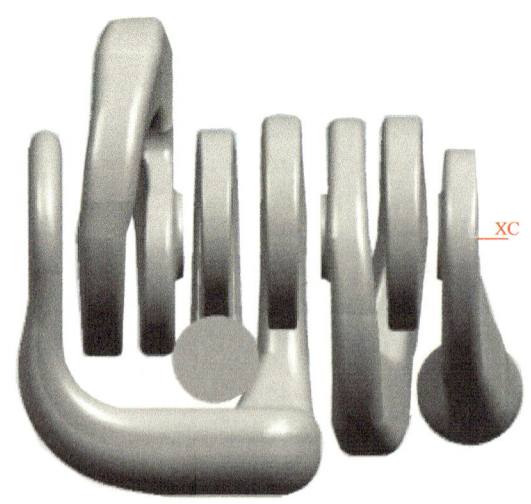

图 2.2.3　输油泵的水力三维图

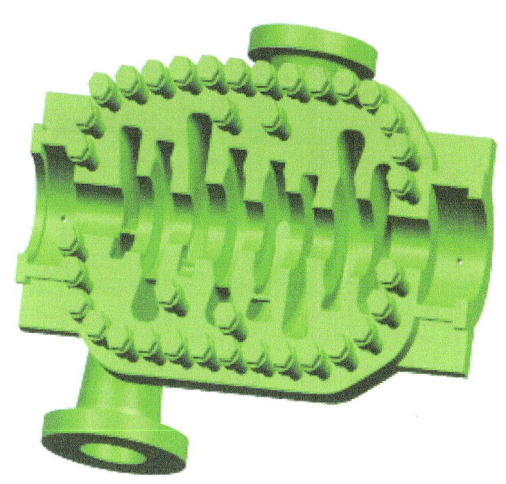

图 2.2.4　输油泵壳体三维图

2.2.1.2.2　泵转子组件

530DY550-HY 泵转子组件为便于装配和定位的阶梯形结构；刚性转子（能量法、三维软件计算）满足转子动力学和功率传递的要求；按水力性能最优化设计；锥形联轴器；零部件主要有叶轮、叶轮口环、壳体口环、入口节流环、机封、轴承箱。泵转子组件的组成和结构如图 2.2.5 和图 2.2.6 所示。

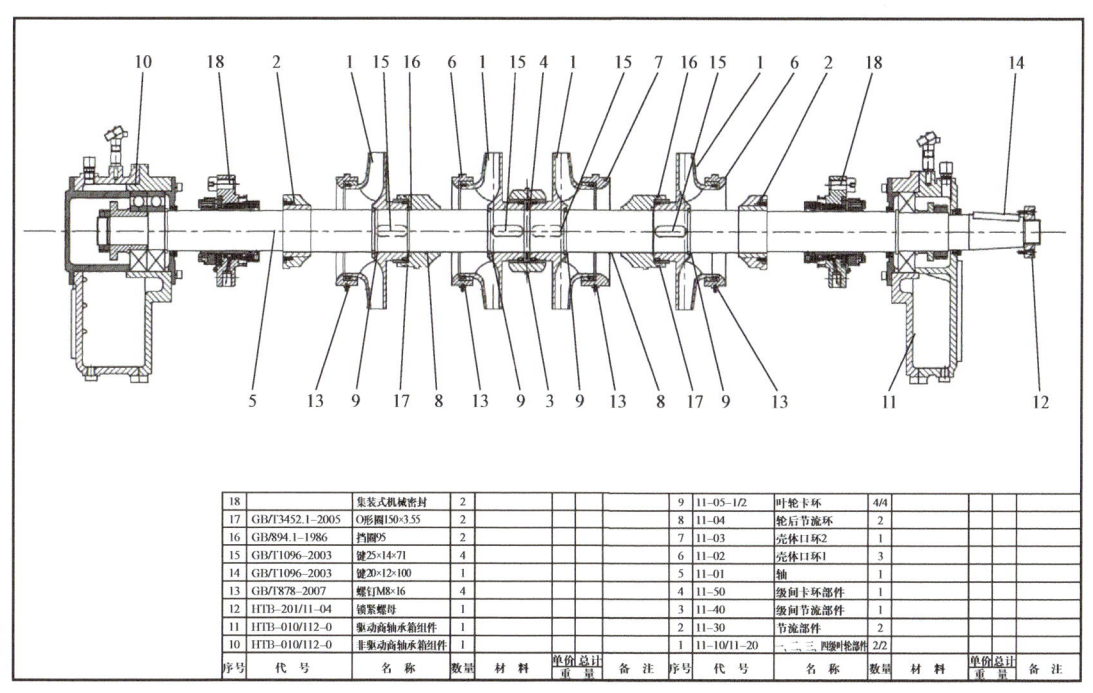

图 2.2.5　泵转子组件结构

2.2.1.2.3　泵机封

轴封采用集装式机械密封（图 2.2.7），具体如下所示。

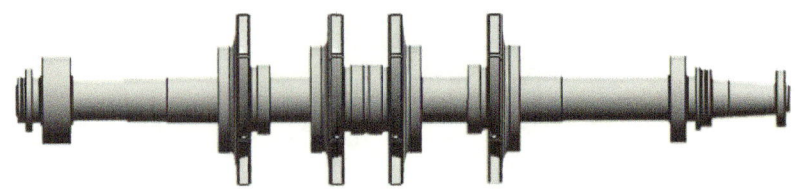

图 2.2.6　泵转子组件示意图

（1）采用强制冷却、冲洗，提高机械密封的使用寿命；

（2）摩擦副采用碳化硅对碳化硅，提高机械密封的可靠性；

（3）冲洗管路连接在泵壳体上，检修机械密封时可不拆装管路，操作方便（机封压盖盘上用于冲洗、排污）。

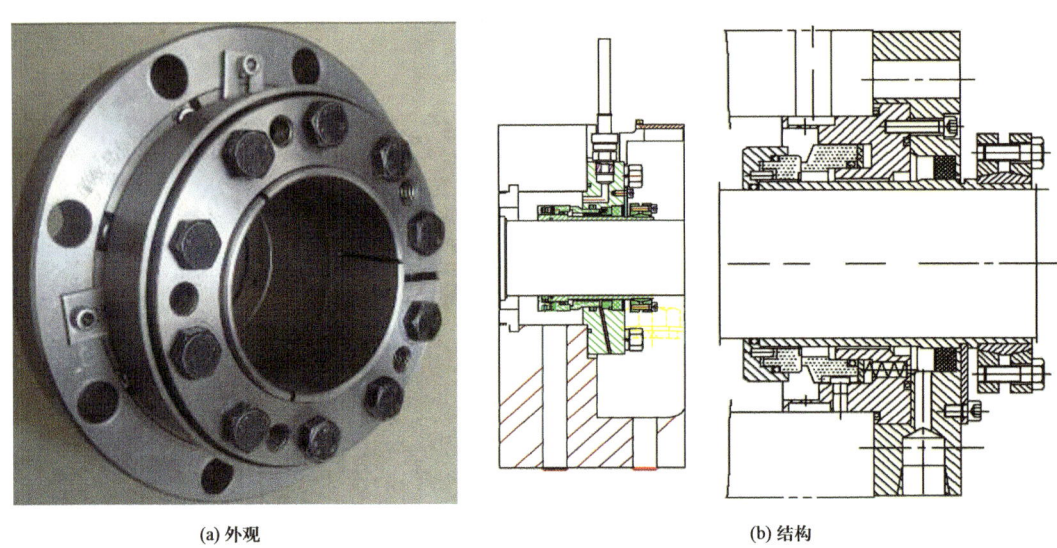

(a) 外观　　　　　　　　　　　　　　　(b) 结构

图 2.2.7　泵机封的外观和结构

2.2.1.2.4　泵轴承箱

轴承及轴承箱结构（图 2.2.8）说明如下：

（1）轴承箱为径向剖分式结构，其体积小、质量轻、结构稳定，性能可靠，便于铸造、安装维护。

（2）设有翼形散热片，冷却轴承。

（3）轴承体上设有自动加油杯和油位透视窗。

（4）箱座上设有测温测振的凸台。

（5）油环自润滑（添加 32 号汽轮机油）。

（6）按照成熟结构，在驱动端和非驱动端各采用一个深沟球轴承承受转子重量及残余径向力。

（7）在非驱动端采用一个四点接触球轴承承受转子的残余轴向力。

2 输油气工艺设备

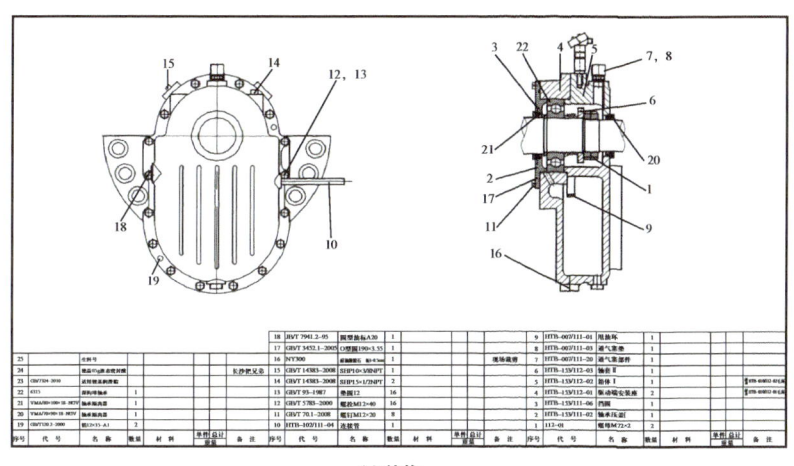
(a) 结构

(b) 外观

图 2.2.8 泵轴承箱的外观和结构

2.2.1.2.5 泵机封冲洗管路

两端机封冲洗均从一级压出室与二级压出室引出，泵机封冲洗管路结构包括管路上法兰、节流孔板、压差变送器、所分解法兰静电连接线、所分解法兰螺帽及垫片（图2.2.9）。

图 2.2.9 泵机封冲洗管路结构图

2.2.1.2.6 泵排气排污管

排气排液管路设置手动阀门（法兰连接的手动阀门与直接焊接在管路上的手动球阀、电磁阀、管路用法兰连接，螺栓固定，法兰上还有静电连接线）。泵排气排污管结构如图2.2.10所示。

2.2.1.2.7 泵机封检漏

机封检漏设置液位开关、LQH浮筒液位开关，检测机封的泄漏量（图2.2.11）。

图 2.2.10　泵排气排污管线手动球阀

图 2.2.11　泵机封检漏结构图

2.2.1.2.8　泵温度变送器

温度变送器既有传送温度的作用，也有就地显示温度的作用（图 2.2.12）。温度变送器在轴承箱与泵盖上都是用螺纹直接连接，显示的温度数据通过传感线路直接传输到控制室的电脑。为了便于查看温度数据，在轴承箱上安装了金属温度计（图 2.2.13）。

2.2.1.2.9　泵振动变送器

振动变送器与轴承箱座都是用螺纹直接连接，振动变送器主要用于测量轴承箱的振动，以免因振动过大引起轴承的烧裂，测量的振动数据通过传感线路反馈到电脑上（图 2.2.14）。

2.2.1.2.10　泵机封冲洗管路压差变送器

压差变送器的高位直接连接在节流孔板的入口处，低位直接连接在节流孔板的出口处，以检测机封冲洗的流量，以免因机封冲洗管路堵塞造成机封动静环干磨。泵机封冲洗管路压差变送器结构如图2.2.15所示。

图2.2.12　温度变送器

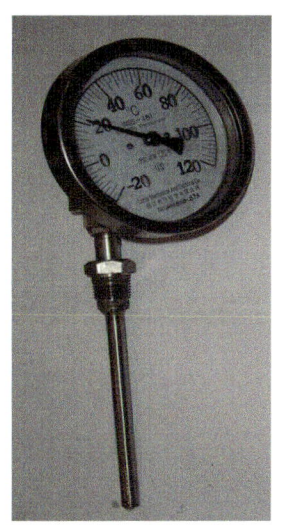

图2.2.13　温度计

图2.2.14　泵振动变送器安装结构图

图2.2.15　泵机封冲洗管路压差变送器结构图

2.2.1.2.11　轴承隔离器

轴承隔离器的结构简单可靠，安装拆卸方便，可有效防止润滑液泄漏和外界水汽及灰尘的进入（图2.2.16）。

2.2.1.2.12　联轴器

带加长短节的双向精密膜片弹性联轴器，具有结构简单、传递力矩大、吸引振动、拆装方便、使用寿命长等优点，可补偿轴的角度、偏差、偏心、轴向窜动，加长短节满足不移动电动机就可拆卸机械密封和轴承箱的要求。联轴器的外观和结构如图2.2.17所示。

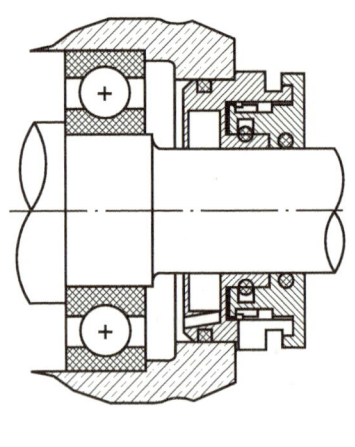

(a) 结构　　　　　　　　　　　　　　　　(b) 外观

图 2.2.16　轴承隔离器

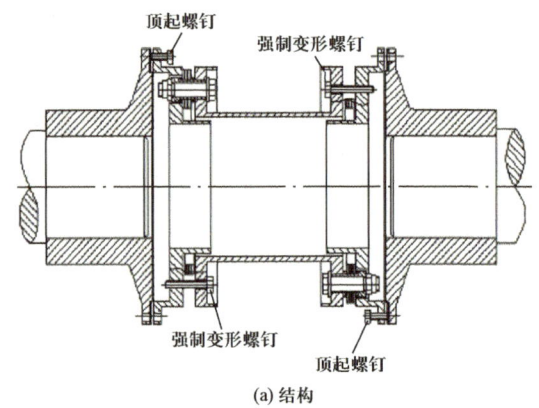

(a) 结构　　　　　　　　　　　　　　　　(b) 外观

图 2.2.17　联轴器

2.2.1.2.13　接线箱

接线箱用角钢直接焊接在底座端，作为泵与电动机上所有线路传输的收集站（图 2.2.18）。

2.2.1.2.14　底座组件

底座是用来支撑泵与电动机的组件，主要由底座主体、灌浆孔、吊轴、泵与电动机的支撑、泵与电动机上的顶丝块、螺栓等零部件构成（底座振动计算），如图 2.2.19 所示。

2.2.1.2.15　联轴器保护罩

不锈钢或高强铝合金不打火材料用螺钉固定，安装联轴器保护罩，可避免转动件误伤操作人员，如图 2.2.20 所示。

图 2.2.18 接线箱

图 2.2.19 底座组件

图 2.2.20 联轴器保护罩

2.2.2 操作与运行

2.2.2.1 日常巡检

（1）检查各阀门的开关状态是否正常，阀门、法兰是否有泄漏情况，电动执行器显示屏是否有报警；

（2）各输油泵现场显示参数正常，手触运行泵机械密封冲洗管路，无发热现象，机械密封泄漏量正常，手触泵机组，无明显振动；

（3）泵两端机械密封温度正常，泵壳温度不超 50℃，泵两端轴承温度显示不超过 90℃；

（4）泵进口压变显示值不低于设定值，泵出口压力显示值不高于设定值；

（5）所有泵机组轴承箱润滑油液位在视窗 1/2～2/3 之间。

（6）主要巡检监管参数（值班日志）见表 2.2.1。

表 2.2.1　离心式输油泵的主要巡检监管参数

	参数名称	设定值	
压力	泵入口汇管压力低报警	2.2MPa	
	泵入口汇管压力低低报警	2.0MPa	
	泵出口压力高报警	12MPa	
	泵出口压力高高报警	12.2MPa	
	设备及控制参数名称	高报警设定值	高高报警停车设定值
泵机组保护值	P0401、P0402、P0403 泵壳温度超高保护	50℃	55℃
	P0401、P0402、P0403 轴承温度超高保护（驱动端、非驱动端）	90℃	95℃
	P0401、P0402、P0403 机械密封温度超高保护	90℃	95℃
	P0401、P0402、P0403 机械密封冲洗管路压差保护	0.17MPa	0.49MPa
	P0401、P0402、P0403 轴承振动保护（驱动端、非驱动端）	7.1mm	11.2mm
	P0401、P0402、P0403 电动机轴承温度超高保护（驱动端、非驱动端）	95℃	105℃
	P0401、P0402、P0403 电动机定子温度超高保护（驱动端、非驱动端）	130℃	160℃
	P0401、P0402、P0403 电动机驱动端轴振动（驱动端、非驱动端）	3.4mm	7.1mm

2.2.2.2　启动前检查和准备

（1）接到上级调度启机通知后，做好相应记录，准备好相应检查工具。

（2）输油泵周围场地应无杂物，无污油。

（3）确认各紧固连接件、密封件无松动，无渗漏现象。

（4）确认所有阀门、仪表、保护监控系统、高 / 低压变频系统、软启动装置、污油系统等正常可靠。

（5）确认输油泵轴承箱内的润滑油质与液位符合要求，目测润滑油油箱视窗和恒位油杯，油箱液位在视窗 1/2～2/3 之间，恒位油杯液位保持在 2/3 以上。

（6）确认泵进、出口（电动）阀门完好；确认泵机组出口阀门和泵体排空阀关闭；确认机械密封泄漏管线上的排污阀打开。全开泵进口阀门，确认泵进口阀门完好关闭，就地 / 远控状态正确。

（7）灌泵（平压操作）。当泵的进口有压力时，先关闭泵的出口阀门，然后打开泵的进口阀门。当排气管中流出的液体中不含气泡时，说明泵已灌满，否则在泵启动后会发生振动。

（8）站控室、变电所及相应岗位人员做好启机准备工作。运行所需材料及要求见表2.2.2。

表 2.2.2　运行所需材料及要求

运行所需材料及要求			
主输泵润滑油	最大油温 /℃	驱动端 /L	非驱动端 /L
油的型号为 ISO VG 32	85	8	12

2.2.2.3　启泵

2.2.2.3.1　现场启泵

（1）将泵体组操作柱和出口阀电动执行机构"就地/远控"转换开关切换到"就地"，按下"启动"按钮启动机组。输油泵机组启动后，观察启动电流，启动电流回落后，立即打开泵出口调节阀，调节到需要的工况。

（2）泵机组运行正常后，应将泵机组操作柱和出口阀电动执行机构的"就地/远控"转换开关切换到"远控"。

2.2.2.3.2　站控启泵

（1）将泵机组操作柱和出口阀电动执行机构的"就地/远控"转换开关切换到"远控"。

（2）确认站控机处于启机画面。

（3）在站控机上点击"启机"按钮，再点击"确认"按钮。

（4）在站控机和机泵监视器上确认泵机组运行状态。

2.2.2.3.3　分控启泵

（1）将泵机组操作柱和出口阀电动执行机构的"就地/远控"转换开关切换到"远控"。

（2）跟分控确认启机时间和机组。

（3）确认站控机处于启机画面。

（4）在站控机和机泵监视器上确认泵机组运行状态。

2.2.2.4　机组的运行

2.2.2.4.1　机组的启动

在各项准备工作就绪且确认准确无误后，接通电源，启动机组投入运行。各油气企业的机组启动一般情况下由中心控制负责，临时检修或需要现场操作时，由控制中心批准后，由站内操作。

2.2.2.4.2 工况点的调节

当泵的出口产生一定压力后，慢慢打开泵的出口阀门，调节到所需工况点。

（1）运行中检查项目。

① 泵组的各种运行参数及仪表显示情况。

② 机械密封冲洗管路及机械密封压盖的温度。此项工作在启泵后立即进行，如温度明显高于其他部位，应立即停泵，将冲洗管路中的空气排净再启泵。

③ 泵内介质温升及各轴承的温度值。

④ 泵及电动机轴承处的振动值。

⑤ 机械密封的泄漏情况。

⑥ 泵轴承箱的油位。

⑦ 中开面、法兰等处的密封情况。

⑧ 泵体、泵盖是否有渗漏。

⑨ 排污排气管路阀门等的密封情况。

（2）运行操作中的关键事项。

① 当机组达到额定运行转速时，泵的出口必须要产生一定压力，否则应立即停机。

② 当泵启动，出口产生压力时，应及时打开出口阀门。

③ 不要通过调节进口阀门来控制流量，否则会引起泵的汽蚀破坏。

④ 泵不能在低于最小流量的点运行。

⑤ 运行时做好泵的运转情况记录，这样有利于寻找故障原因，利于故障的排除。

2.2.2.5 停泵

2.2.2.5.1 就地停机

（1）接到分控的停机通知后，做好停机准备工作。

（2）将泵机组操作柱和出口阀电动执行机构的"就地/远控"转换开关切换到"就地"。

（3）关闭泵出口阀，当电流表显示的电流到额定电流的20%以下时，按停机按钮，停运泵机组。

（4）将泵机组操作柱和出口阀电动执行机构的"就地/远控"转换开关切换到"远控"。

2.2.2.5.2 站控停机

（1）确认泵机组处于站控状态。

（2）点击"停泵"按钮，再点击"确认"按钮。

（3）在站控机和机泵监视器上确认泵机组为停泵状态。

（4）确认泵机组停运过程正常，停运后确认泵机组状态正常。

2.2.2.5.3 分控停泵

（1）确认泵机组处于"远控"状态。

（2）跟分控确认停泵时间。
（3）在站控机和机泵监视器上确认泵机组为停泵状态。
（4）确认泵机组停运过程正常，停运后确认泵机组状态正常。

2.2.2.5.4 紧急停泵

当遇到以下情况时，应紧急停运泵机组：
（1）设备、工艺管道出现严重泄漏或泵机组的密封性遭到破坏。
（2）转动零件起火、冒烟或产生火花。
（3）运行参数异常，或因其他意外情况需要紧急停泵时。

以上情况的处理方式：立即按下机组"ESD"紧急停机按钮，关闭出口阀，并向作业区领导、分公司领导、分控汇报情况。

2.2.3 维护与保养

2.2.3.1 机组的保养

用正确的方法对机组的关键部位进行精心保养能有效提高机组的寿命。在机组出现故障或运行一段时期后，要对机组进行解体排除故障或更换泵内损坏的零部件等。

2.2.3.1.1 轴承的保养

轴承是泵的重要组成部分，其对装配、润滑等各方面的要求较高。应根据实际情况来决定使换润滑油的周期，一般情况下，第一次更换机油的时间为轴承投入运行后3周，以后每运转6个月可再次更换润滑油，将使用过的润滑油放出，用干净油冲洗轴承后再加入新的润滑油。

2.2.3.1.2 机械密封的维护保养

机械密封的正确安装，能确保静、动环接触表面的比压，保证机械密封的性能。需要对机械密封进行冲洗，以带走动、静环摩擦后产生的热量，密封冲洗液必须保证清洁，既可用黏度较输送介质低的液体，也可直接用输送介质进行冲洗。对于串联泵，特别需要注意紧固夹套螺钉。在平时检查时，要多注意冲洗管路是否发热及振动。

2.2.3.1.3 泵的维护

为使泵的泄漏量不致过大，又不致造成泵"抱轴"及磨损过快的现象，对泵各部位的密封间隙有一定要求（表2.2.3）。非驱动端止推轴承只承受轴向推力，安装时的间隙为0.05~0.15mm。

表2.2.3 泵各部位的密封间隙要求

名义直径/mm	≤90	>90~120	>120~150	>150~180	>180~220
直径间隙/mm	0.35~0.7	0.4~0.8	0.45~0.9	0.5~1.0	0.55~1.1
名义直径/mm	>220~270	>270~320	>320~360	>360~400	>400~440
直径间隙/mm	0.6~1.2	0.65~1.3	0.7~1.4	0.75~1.5	0.8~1.6

2.2.3.1.4 泵的停车保养

（1）短期停泵：如果停泵的程序是正确的，并且泵是平稳地停下来，则不需要采取任何特殊的措施便可以再次启动泵。如果是受迫停泵，就必须检查泵有无损坏。停泵期间注意观察死油管段的温度、压力。

（2）长期停泵。

① 应将泵拆开除尘、除锈、去水渍，保持清洁，并在加工面和螺栓上涂油，再将其组装起来，做好妥善的保管工作；

② 在寒冷季节，停泵后应立即做好防冻工作；

③ 检修、检查并更换不合格的易损零件；

④ 每个月须用手转动几次转子部件；

⑤ 在泵重新开始运行之前，必须更换润滑油。

2.2.3.2 检查

泵运转两年后，应当对其进行一次检查，泵必须停下来并打开检查，检查项目如下所示。

（1）目视检查所有零件是否有损伤；

（2）检查泵壳的磨损情况；

（3）检查叶轮、卡环的磨损情况；

（4）根据间隙表检查径向间隙是否在规定值以内；

（5）清洁并检查滚动轴承；

（6）检查泵轴的同轴度，其偏差不能超过0.05mm；

（7）清洁和检查所有的辅助管线；

（8）检查联轴器的传动部件，如有损坏，应将其更换；

（9）检查机械密封及轴套的磨损情况；

（10）更换所有的垫圈、密封圈、口环及耐磨环。

注意：机械密封上即使有最小的损伤，也应将其更换。

2.2.4 故障与处理

2.2.4.1 泵流量太小

对于泵流量太小故障，其产生原因及处理方法见表2.2.4。

表2.2.4 泵流量太小的产生原因及处理方法

序号	产生原因	处理方法
1	设备的背压超过泵的设计点压力	将排出侧的截流阀打开到所需位置，以使其达到操作点
2	泵或管线没有完全抽空或充满	排空或充满油

续表

序号	产生原因	处理方法
3	吸入口管线或叶轮受阻塞	清洁管线和叶轮
4	在管线中有气泡产生	安装放空阀
5	许用的允许汽蚀余量（NPSH）太低	检查给油罐中的油位
		将给油管线上的截流阀完全打开
		如果摩阻损失太大，重新布管
		检查吸入口管线上的过滤器
6	泵旋转方向错误	变换电动机的两相电极
7	泵内部部件磨损	更换磨损部件
8	电动机电压不匹配	匹配电动机电压
9	电动机仅以两相模式运转	检查电缆连接，更换保险丝

2.2.4.2 压差太低

对于压差太低故障，其产生原因及处理方法见表2.2.5。

表2.2.5 压差太低的产生原因及处理方法

序号	产生原因	处理方法
1	泵或管线没有完全抽空或充满	排空或充满油
2	吸入口管线或叶轮受阻塞	清洁管线和叶轮
3	在管线中有气泡产生	安装放空阀
4	许用的NPSH太低	检查给油罐中的油位
		将给油管线上的截流阀完全打开
		如果摩阻损失太大，重新布管
		检查吸入口管线上的过滤器
5	泵旋转方向错误	变换电动机的两相电极
6	泵内部部件磨损	更换磨损部件
7	电动机电压不匹配	匹配电动机电压
8	电动机仅以两相模式运转	检查电缆连接，更换保险丝

2.2.4.3 泵功率太大

对于泵功率太大故障,其产生原因及处理方法见表 2.2.6。

表 2.2.6 泵功率太大的产生原因及处理方法

序号	产生原因	处理方法
1	吸入口管线或叶轮受阻塞	清洁管线和叶轮
2	泵旋转方向错误	变换电动机的两相电极
3	泵内部部件磨损	更换磨损部件
4	泵机组没有完全找正	重新找正
5	泵承受应力	检查管线连接有无应力
6	电动机电压不匹配	匹配电动机电压
7	电动机仅以两相模式运转	检查电缆连接,更换保险丝
8	轴承磨损或有缺陷	更换轴承
9	错误的找正	重新找正泵、电动机和联轴器

2.2.4.4 泵体温度过高

对于泵体温度过高故障,其产生原因及处理方法见表 2.2.7。

表 2.2.7 泵体温度过高的产生原因及处理方法

序号	产生原因	处理方法
1	泵或管线没有完全抽空或充满	排空或充满油
2	许用的 NPSH 太低	检查给油罐中的油位
		将给油管线上的截流阀完全打开
		如果摩阻损失太大,重新布管
		检查吸入口管线上的过滤器
3	泵内部部件磨损	更换磨损部件
4	泵机组没有完全找正	重新找正
5	叶轮不平衡或转子未完全平衡	检查叶轮,重新平衡叶轮/转子
6	轴承磨损或有缺陷	更换轴承

2.2.4.5 泵运转不稳定

对于泵运转不稳定故障,其产生原因及处理方法见表 2.2.8。

表 2.2.8 泵运转不稳定的产生原因及处理方法

序号	产生原因	处理方法
1	泵或管线没有完全抽空或充满	排空或充满油
2	吸入口管线或叶轮受阻塞	清洁管线和叶轮
3	在管线中有气泡产生	安装放空阀
4	许用的 NPSH 太低	检查给油罐中的油位
4	许用的 NPSH 太低	将给油管线上的截流阀完全打开
4	许用的 NPSH 太低	如果摩阻损失太大，重新布管
4	许用的 NPSH 太低	检查吸入口管线上的过滤器
5	泵旋转方向错误	变换电动机的两相电极
6	泵内部部件磨损	更换磨损部件
7	泵机组没有完全找正	重新找正
8	泵承受应力	检查管线连接有无应力
9	轴向的推力过大	检查叶轮，并更换密封环
10	叶轮不平衡或转子未完全平衡	检查叶轮，重新平衡叶轮/转子
11	轴承磨损或有缺陷	更换轴承
12	最小流量没有达到	将流量提高到最小流量
13	错误的找正	重新找正泵、电动机和联轴器

2.2.4.6 轴承温度过高

对于轴承温度过高故障，其产生原因及处理方法见表 2.2.9。

表 2.2.9 轴承温度过高的产生原因及处理方法

序号	产生原因	处理方法
1	泵内部部件磨损	更换磨损部件
2	泵机组没有完全找正	重新找正
3	泵承受应力	检查管线连接有无应力
4	轴向的推力过大	检查叶轮，并更换密封环
5	给出的半联轴器间隙没调整	重新调整
6	叶轮不平衡或转子未完全平衡	检查叶轮，重新平衡叶轮/转子

续表

序号	产生原因	处理方法
7	轴承磨损或有缺陷	更换轴承
8	最小流量没有达到	将流量提高到最小流量
9	错误的找正	重新找正泵、电动机和联轴器
10	润滑油存在缺陷	清洁润滑油,检查润滑油和油位

2.2.4.7 轴密封泄漏

此故障的产生原因:轴密封损坏;泵机组没有完全找正。

2.2.4.8 泵壳体泄漏

此故障的产生原因:螺栓未完全拧紧;密封垫破损。

2.2.4.9 泵体振动

此故障的产生原因:装配不准、地基软弱、转动件不平衡、共振、轴承箱存在缺陷等,有时为几种原因组合造成。

2.2.4.10 装配不准

对于装配不准故障,其产生原因及处理方法等见表2.2.10。

表 2.2.10 装配不准的产生原因及处理方法

产生原因	检查方法、发生条件、特征等	处理方法
装配不准基础偏心	(1)检查联轴器的同心度; (2)检查建筑物和泵基础混凝土是否有裂纹; (3)检查泵基础是否有由不均匀下沉、地震冲击等造成的偏心现象	重新调整轴中心
未运转时,同心度良好,而运转时出现偏心	(1)泵排出端有伸缩式接头,当泵运转时,联轴节是否有很大的移动; (2)支承排出管的混凝土是否产生裂纹; (3)泵运转时,地基是否移动; (4)泵运转时,从机封处有大量水漏出,或者有空气吸入	(1)改变联轴节的结构; (2)在挠性联轴器上安设限位装置,使移动不影响泵; (3)用混凝土将主管围起,使其不能移动

2.2.4.11 泵的基础不稳定

对于泵的基础不稳定故障,其产生原因及处理方法等见表2.2.11。

2 输油气工艺设备

表 2.2.11 泵的基础不稳定的产生原因及处理方法

产生原因	检查方法、发生条件、特征等	处理方法
由基础的不稳定引起的共振	(1) 振幅虽比轴承等轴系振动的振幅小,但有很大的振动向基础外传播,传到柱、梁等附件时,振幅则急剧减弱; (2) 基础振动频率与泵转速一致时的振动; (3) 相邻的泵类设备运转时,传给停转泵很大的振动	(1) 加固基础; (2) 提高泵的动平衡性
未运转时,同心度良好,而运转时出现偏心	(1) 振幅虽比轴承等轴系振动的振幅小,但有很大的振动向地基外传播; (2) 地基的振动频率与泵的转速一致; (3) 基础不振动	(1) 加固基础; (2) 向地基内部灌注水泥砂浆; (3) 提高泵的动平衡性
地脚螺栓松动,或者地脚螺栓没有有效地发挥作用	(1) 振动比轴承等轴系的振动小,但也有相当大的振动向地基传播; (2) 地脚螺栓附近的基础产生裂纹	(1) 加固地脚螺栓; (2) 加固基础混凝土; (3) 增加地脚螺栓数量

2.2.4.12 转子不平衡

对于转子不平衡故障,其产生原因及处理方法等见表 2.2.12。

表 2.2.12 转子不平衡的产生原因及处理方法

产生原因	检查方法、发生条件、特征等	处理方法
轴系的弯曲	(1) 若使联轴器螺栓组的螺栓依次错动一个螺栓的位置,则振幅就会慢慢变化,视联轴器的位置不同,振动会出现大幅度下降; (2) 在使用固定联轴器的情况下,联轴器的配合面插入较薄的衬片,连接后,振幅就会发生变化,视插入部位的不同,会使振幅值大幅下降	(1) 利用上述方法,找出振动较小的状态,若此状态处于允许值内,则固定这种状态; (2) 矫正轴弯曲
转子残存的不平衡重量	(1) 振动在安装后立刻产生,或者在更换转子后(主要是叶轮)出现; (2) 在联轴器的螺栓的一个部位上加有配重,振幅便发生变化,视配重设置的位置不同,振幅值便会大幅度下降(磨损的情况)	重新校正转子的平衡性(G2.5 级)
叶轮的磨损或破损造成的不平衡	(1) 振动慢慢增大(磨损),或突然增大(破损); (2) 产生与第二项相同的情况; (3) 拆卸上壳体,或者从入口检查叶轮破损的情况	(1) 校正叶轮(破损); (2) 更换新叶轮(磨损)
堵塞叶轮的异物造成的不平衡	(1) 泵的振动突然变大,多数情况下,从泵的内部产生噪声; (2) 排出压力降低,流量减少; (3) 电流表、功率表的指针异常摆动	(1) 从泵壳或者入口检查内部; (2) 排除异物; (3) 检查叶轮是否破损
由轴承的严重磨损造成的轴的偏心运动	(1) 检查润滑油是否清洁; (2) 检查润滑油是否正常; (3) 拆下联轴器,只有电动机运转时不产生振动; (4) 泵停机过程中,转速减慢后,仍有振动	(1) 拆泵,更换轴承; (2) 分析轴承磨损的原因

2.2.4.13 轴承不良（多发生在滚动轴承）

对于轴承不良故障，其产生原因及处理方法见表 2.2.13。

表 2.2.13　轴承不良的产生原因及处理方法

产生原因	检查方法、发生条件、特征等	处理方法
由轴承生锈造成的损伤	（1）检查轴承内部的润滑油或润滑脂是否发生变化； （2）运转时的发热情况比原来严重； （3）润滑油或润滑脂中混入铁锈； （4）轴承部位产生异常声音	（1）更换轴承； （2）更换润滑油或润滑脂； （3）采用水或灰尘不易侵入的结构
推力轴承无推力	（1）卧式双吸离心泵中可见； （2）一般有噪声，而且噪声比振动更强烈； （3）低速运转时，发出咯噔咯有规则的声音； （4）轴承结构成为无附加预载的结构； （5）推力轴承间隙大	（1）改进推力轴承，使其能够承受预加荷重； （2）改进泵结构，使其一定能够产生轴推力； （3）消除推力轴承的间隙

2.2.4.14　不规则振动

对于不规则振动故障，其产生原因及处理方法见表 2.2.14。

表 2.2.14　不规则振动的产生原因及处理方法

产生原因	检查方法、发生条件、特征等	处理方法
部分流量运转引起的振动	（1）测定入口侧和出口侧的压力，然后按测定的压力值计算运转流量，如果低于规定流量的一半时，将产生相当大的振动； （2）双吸离心泵若在规定值流量值的一半以下运行时，轴会产生激烈的往复运动，造成轴承等的振幅增大	（1）改换增加泵排出量的装置； （2）检查排出侧阀瓣是否全开； （3）设置旁通装置，将一部分排出流量引回泵的入口
汽蚀引起的振动	（1）测定入口侧和出口侧的压力，然后按测定的压力值计算运转流量，分析是否产生汽蚀； （2）检查吸入侧的真空度是否有异常升高； （3）一般情况下，产生很大噪声，当吸入侧的压力低于大气压时，从测水位表旋塞吸入少量空气，噪声减小； （4）关闭吐出阀时，噪声急剧减小，振幅也降低； （5）排出压力表的指针急剧摆动	（1）关闭排出阀运转； （2）提高吸入罐的液位； （3）加粗吸入管（在管路较长时）
泵内部的非转动部件与转动部分有接触或滑动部分有损伤	（1）电流表指针激励摆动； （2）多伴随有金属摩擦声音； （3）通常轴承发热	

2.2.4.15 故障类型与排查

表 2.2.15 列出了所有可能出现的各种故障,并且给出了各种故障的初步诊断和解决方案(表 2.2.16)。如果所发生的问题不在表 2.2.15 的范围内,或者存在不能查出的原因,建议与厂家联系。

表 2.2.15 所有可能出现的各种故障

故障	产生原因和解决方案参考序号
泵流量太小	1、2、3、4、5、6、7、8、9、17、18
压差太低	2、3、4、5、6、7、8、9、17、18
压力太高	9、11
泵的功率太大	3、6、8、9、10、11、13、14、17、18、21、23
泵体温度过高	2、5、8、13、20、22
泵运转不稳定	2、3、4、5、6、8、10、13、14、15、20、21、22、23
轴承温度过高	8、9、11、13、14、15、16、20、21、22、23、24
轴密封泄漏	12、13
泵壳体泄漏	19

表 2.2.16 不同故障的产生原因及排除措施

序号	产生原因	解决方案
1	设备的背压超过泵的设计点压力	将排出侧的截流阀打开到所需位置,以达到操作点
2	泵或管线没有完全抽空或充满	排空或充满油
3	吸入口管线或叶轮受阻塞	清洁管线和叶轮
4	在管线中有气泡产生	安装放空阀
5	许用的 NPSH 太低	检查给油罐中的油位
		将给油管线上的截流阀完全打开
		如果摩阻损失太大,重新布管
		检查吸入口管线上的过滤器
6	泵旋转方向错误	变换电动机的两相电极
7	转速太低	提高转速(涡轮、内燃机)

续表

产生原因及排除故障的措施		
序号	产生原因	解决方案
8	泵内部部件磨损	更换磨损部件
9	所输送液体的密度、黏度和温度偏离设计值	与厂家协商
10	泵的压差小于泵的额定值	在压力管线上设定新的操作点
11	转速太高	降低转速（涡轮、内燃机）
12	轴密封损坏	检查轴封零件，如果需要则更换
13	泵机组没有完全找正	重新找正
14	泵承受应力	检查管线连接有无应力
15	轴向的推力过大	检查叶轮，并更换密封环
16	给出的半联轴器间隙没调整	重新调整间隙
17	电动机电压不匹配	匹配电动机电压
18	电动机仅以两相模式运转	检查电缆连接，更换保险丝
19	螺栓未完全拧紧	拧紧螺栓，更换新密封
20	叶轮不平衡或转子未完全平衡	检查叶轮，重新平衡叶轮/转子
21	轴承磨损或有缺陷	更换轴承
22	最小流量没有达到	将流量提高到最小流量
23	错误的找正	重新找正泵、电动机和联轴器

2.3 燃气锅炉

2.3.1 简介

燃气锅炉的主要作用是为站场员工宿舍提供生活热水以及为综合楼的暖气片供热。热水锅炉的燃气来源是天然气站场输送的天然气，工艺管线从自用气橇连接，经调压箱调压后，将天然气输送至锅炉房。锅炉供水来自站内给水泵房。锅炉房内设置有2台锅炉，使用增压泵将热水输送至各间宿舍和厨房。

2.3.2 结构与原理

2.3.2.1 主要部件及参数

（1）斯大热水锅炉如图2.3.1所示。斯大热水锅炉铭牌如图2.2.3所示。

 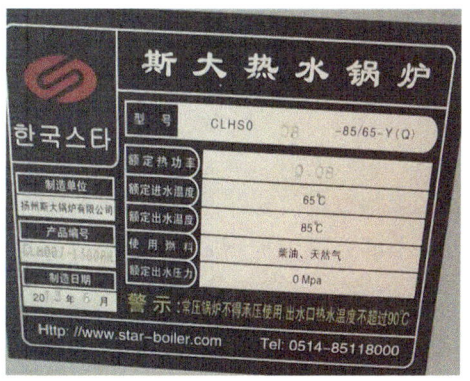

图2.3.1 斯大热水锅炉　　　　　　　图2.3.2 斯大热水锅炉铭牌

（2）博世燃气采暖热水炉如图2.3.3所示，其铭牌如图2.3.4所示。

 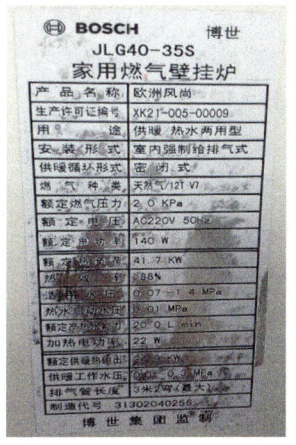

图2.3.3 博世燃气采暖热水炉　　　　图2.3.4 博世燃气采暖热水炉铭牌

（3）重庆重锅燃气采暖锅炉。

如图 2.3.5 所示，其铭牌如图 2.3.6 所示。

图 2.3.5　重庆重锅燃气采暖锅炉

图 2.3.6　重庆重锅燃气采暖锅炉铭牌

2.3.3　操作与使用

2.3.3.1　输油气站（斯大采暖锅炉操作规程）

2.3.3.1.1　日常检查（使用期间）

（1）检查调节装置上各仪表运行正常，指示在准确度范围内；

（2）检查燃气管线阀门及各处接头、法兰无漏气，管线无漏水现象；

（3）检查锅炉控制面板无报警；

（4）检查所有管路无振动；

（5）检查进水压力为 0.1～0.6MPa，回水压力为 0.1～0.3MPa，进气压力为 0.1～0.3MPa；

（6）每日检查设备接线是否完好，有无异味、过热现象，并清扫灰尘；

（7）每周对 $1^\#$、$2^\#$ 循环泵进行一次切换。

2.3.3.1.2　作业前检查

（1）检查进水阀、回水阀、进气阀门状态；

（2）锅炉控制面板无报警。

2.3.3.1.3　作业前准备

（1）准备对讲机一对，电量应充足，将其调至相同频率；

（2）准备便携式可燃气体检测仪，电量应充足。办理工作正常操作票，应由值班干部审核签字。

2.3.3.1.4　操作流程

（1）开启热水器，用一字螺丝刀插入温控器温度调节槽内，沿顺时针方向将拨盘调到最低温度（切断设备的全部电源）；

（2）沿顺时针方向将燃气阀的燃气旋钮拧至"OFF（关闭）"位置。等待 5min，以排除热水器内的各种气体，如果闻到燃气味，须处理后再精心操作；

（3）沿顺时针方向将燃气阀的燃气旋钮拧至"ON（打开）"位置（接通此设备的全部电源）；

（4）将温控器调到设定温度；

（5）打开电子打火器开关。

2.3.3.1.5 操作后检查

（1）检查压力表、压力控制器是否完好；

（2）检查测压、测温的一次仪表与二次仪表是否完好；

（3）检查锅炉的所有自控功能与联锁装置是否完好；

（4）检查锅炉控制台、锅炉的工作是否正常；

（5）检查锅炉相关参数是否在允许范围内（不超过设置参数）；

（6）检查各连接阀门及管线有无"跑、冒、滴、漏"现象；

（7）检查燃料气进气管线是否有泄漏，压力是否不小于2.5kPa。

2.3.3.2 玉溪输气站（博世燃气采暖热水炉操作规程）

2.3.3.2.1 检查和准备

（1）作业前要先通过看、嗅、听、肥皂水检查天然气管道、阀门是否有泄漏；发现漏气，立即关闭天然气进气阀（调压箱内），联系专业人员维修好才能使用，维修完成前严禁点火和开关电器；

（2）确认管路中没有漏水现象；

（3）在供暖管路中的空气未排尽之前，请勿打开燃气阀门；

（4）确认水泵上的自动排气阀帽处于拧松状态，并且不得再拧紧；

（5）拧松补水阀，往供暖系统中注水（这时阀帽处会有排气的声音）。

2.3.3.2.2 操作内容和步骤

（1）供暖系统补水。

① 关闭燃气阀门，打开各个房间的供暖阀门，请检查自动排气帽是否被拧开；

② 将补水阀向左旋转；

③ 当指针指向1~1.5之间时，将补水阀右旋关闭；

④ 关闭控制器上的运行开关；

⑤ 打开燃气阀门，打开控制器上的运行开关，并检查运转是否正常。

（2）一般供暖操作。

① 按下"运行开关"键，温度显示亮起；

② 如果"供暖水温度显示"未亮，再按一下"功能转换"键，使其亮起；

③ 重复按"供暖水温度设定"+、-键，可分别向上或向下调节设定温度，并在"供暖水温度显示"中显示所调温度值。

（3）外输模式。

① 如果"供暖水温度显示"未亮，再按一下"功能转换"键，使其亮起；

② 重复按"供暖水温度设定"－键，向下调节设定温度，直至"供暖水温度显示"中显示"Lo"为止。

2.3.3.3 楚雄、禄丰、寻甸、曲靖（重庆重锅燃气采暖锅炉操作规程）

取暖锅炉由水箱、燃烧锅炉、电控机柜、控制机柜、两台循环水泵组成。

2.3.3.3.1 检查和准备

（1）作业前要先通过看、嗅、听、肥皂水检查天然气管道、阀门是否有泄漏；发现漏气，立即关闭天然气进气阀（调压箱内），联系专业人员维修好才能使用，维修完成前严禁点火和开关电器；

（2）检查水箱水位是否正常（液位计），检查水管是否有"跑、冒、滴、漏"现象；

（3）检查各宿舍取暖装置是否完好，是否缺少丝堵，以防漏水；

（4）系统管路、阀门、仪表安装正确，固定牢固，阀门开关灵活，方向部位正确，符合要求；

（5）检查燃气调压箱内压力在 2.5kPa 左右；

（6）启动热水间轴流风机，确认正常运转；

（7）检查进气管线已导通。

2.3.3.3.2 操作内容及步骤

（1）控制机柜操作面板显示与操作。

① 开机自检程序。

人机界面在刚上电时，会自动进行内部设备的检测程序，如果发现故障现象，则会显示故障项目，整个检测过程大约需 5s。

② 欢迎画面。

系统自检完成后，自动进入欢迎画面：

a. 进入系统：按下此键，系统会弹出等级密码认证与权限管理窗口。

b. 关于软件：按下标有公司名称处，系统转到软件介绍与版本标识，如图 2.3.7 所示。

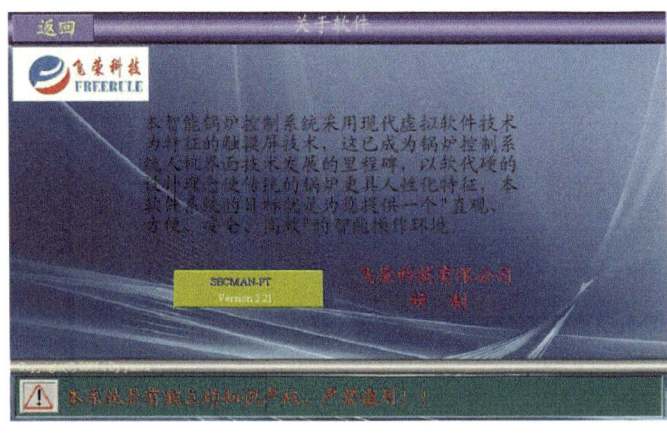

图 2.3.7 版本介绍界面

③ 监控画面。

在监控界面窗口中，可直观地对系统的全部设备的运行状态、运行参数进行监控，监控画面如图 2.3.8 所示。

图 2.3.8　监控画面

图形监控界面如图 2.3.9 所示。

在锅炉监控画面，右侧为图形显示，可动态显示锅炉的工作状态；左侧为系统运行状态显示框，可详细地显示出系统当前的运行情况；下部为画面切换按钮。

a. 控制画面：按下此键后，进入软手动控制窗口。

b. 报警信息：按下此键后，进入报警信息显示窗口。

c. 参数设置：按下此键后，进入参数设置窗口。

d. 温度曲线：按下此键后，进入出水温度曲线显示窗口。

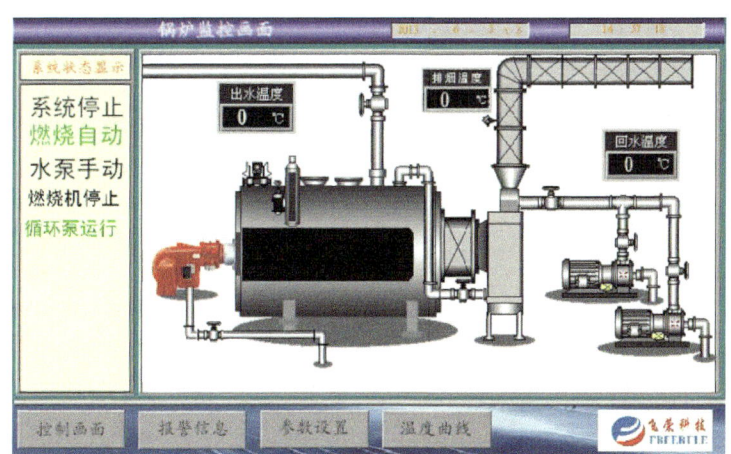

图 2.3.9　图形监控界面

④ 控制画面。

在参数设置窗口中，可在系统自动运行时进行软手动操作，该功能在测试系统时使用，不可长时间运行，在软手动状态下，自动控制功能失效，系统保护功能正常。控制画面如图 2.3.10 所示。

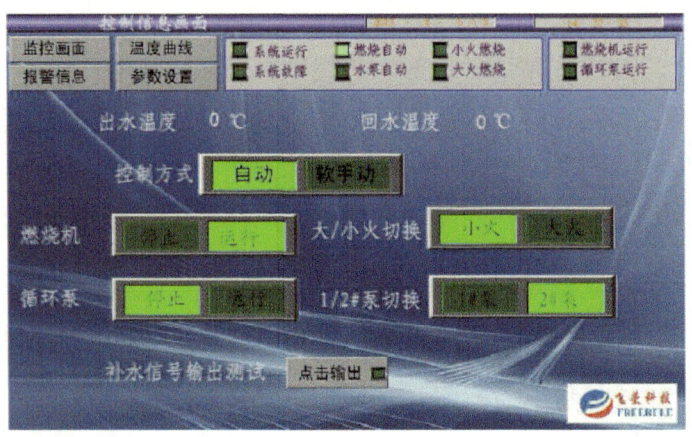

图 2.3.10　控制画面

操作方法：点击画面上的"软手动"，当软手动亮起时，即进入软手动状态，然后点击其他键进行相应的操作。此类按键为切换型按键，点击一次为切换，再点击一次恢复。

⑤ 系统参数设置。

在参数设置窗口中，可直观地对系统必要的控制参数进行设置。参数设置画面如图 2.3.11 所示。

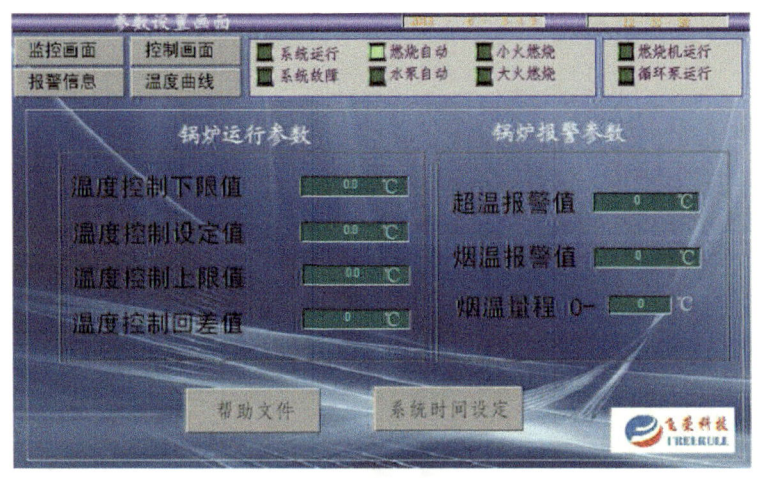

图 2.3.11　系统参数设置画面

参数设置如下所示。

a. 温度控制下限值：锅炉自动运行时，出水温度低于此值，自动启动燃烧机并大火燃烧。

b. 温度控制设定值：锅炉自动运行时，出水温度到达此值后，转为小火燃烧。

c. 温度控制上限值：锅炉自动运行时，出水温度到达此值，自动停止燃烧机，直至温度降到下限值后,再自动启动燃烧机。

d. 温度控制回差值:锅炉自动运行时,设定此值防止燃烧机大小火频繁动作,建议设定值为1、2。

e. 超温报警值:锅炉自动运行时,出水温度到达此值,系统认为失控,立即报警停炉并关闭燃烧机电源。

f. 烟温报警值:锅炉自动运行时,排烟温度高于此值,系统停炉并报警。

g. 烟温量程:当更换的温度变送器量程与原来的不符时,可修改此值以匹配,平时勿修改此值。

h. 帮助文件:点击该按键,即可转入如图2.3.12所示的帮助文件页面。

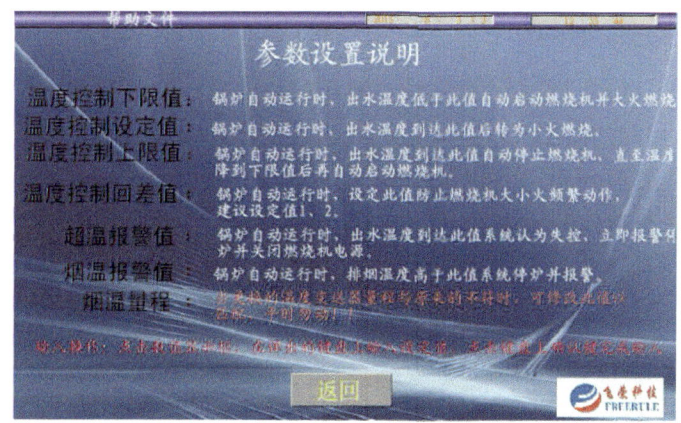

图2.3.12 参数说明界面

点击系统时间设定键,即可进入如图2.3.13所示的画面。

在该画面,可设定触摸屏上显示的系统时间。

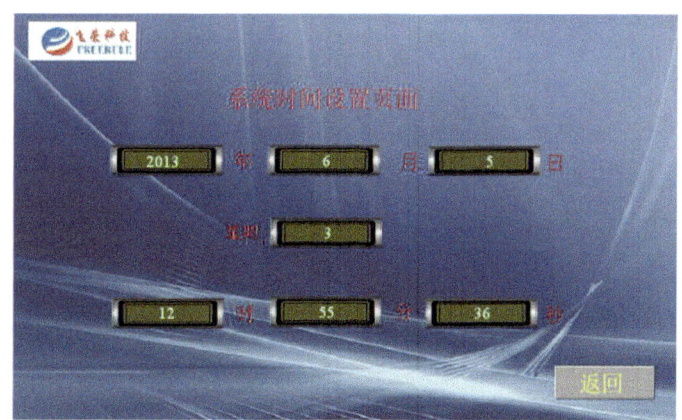

图2.3.13 系统时间设定画面

⑥ 报警信息查询。

在参数设置窗口中,可直观地对系统出现的故障进行查询。报警信息画面如图2.3.14所示。

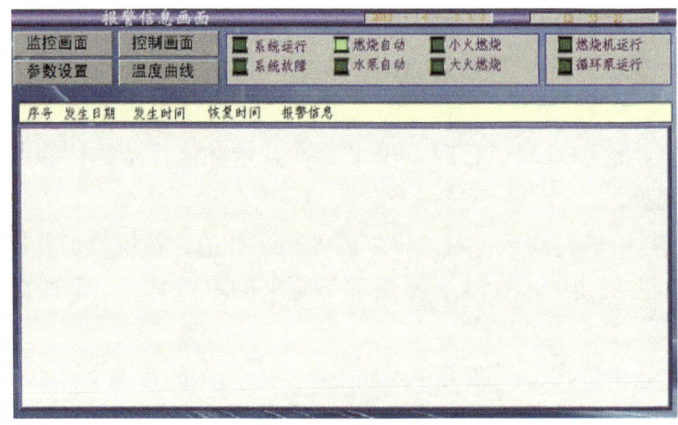

图 2.3.14　报警信息查询画面

a. 故障报警记录区：显示近期所发生的全部故障、排除故障的时间及故障类型，产生故障为红色字体，排除故障为绿色字体。系统共可记录 200 项报警记录，超过 200 项后，会用最新纪录覆盖更早的纪录。

b. 滚动条：故障记录项较多时用于翻页。

⑦ 趋势图。

在该画面可模拟显示出水温度的变化曲线。水温变化趋势界面如图 2.3.15 所示。

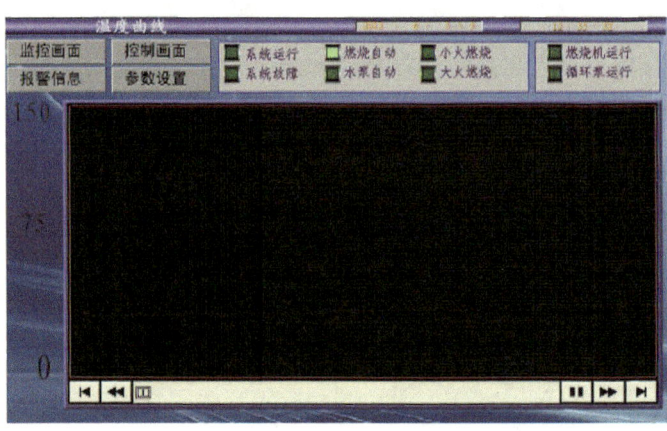

图 2.3.15　水温变化趋势界面

⑧ 控制说明。

本系统采用三值加回差的控制方式，以保证在各种工况下都可以使锅炉可靠地运行。控制过程如下所示。

a. 当出水温度低于上限值时，按动启炉键可启动锅炉，锅炉启动后，锅炉自动根据设定的压力调节燃烧机的负荷。

b. 当出水温度低于设定值时，系统输出大火信号，温度到达设定值时转为小火，直到温度到达上限值时，控制燃烧机停止（此时为正常停止，当温度降到低启炉值时，又会自动启动燃烧机。故此时只是停止了燃烧机，锅炉并未停炉）。如果温度到达设定值后不再上升,则保持小火,如果温度下降到设定值以下,则又转为大火。若温度还在上升,到达超温报警值时,锅炉停炉并报警,此时为锅炉报警停炉,系统认为有故障,不会在温度下降后自动启炉。若要启炉,需技术员排除故障并且温度下降后再按启炉键。

控制方向如图 2.3.16 所示。

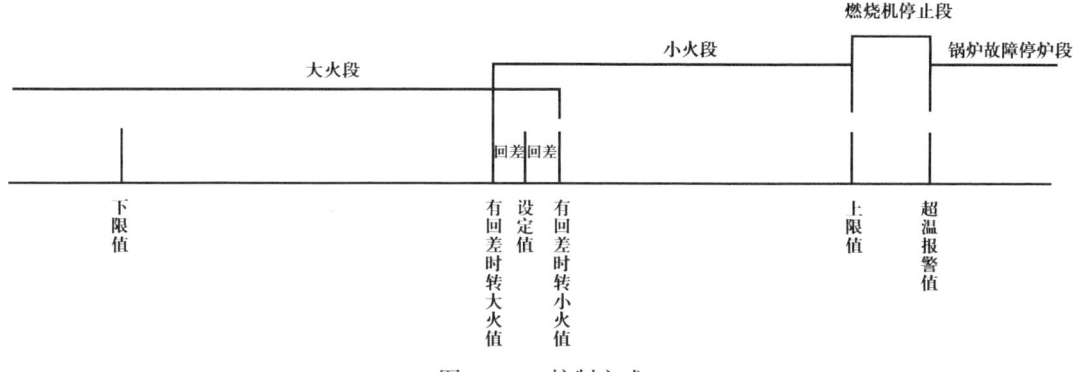

图 2.3.16 控制方式

(2)启停炉操作。

① 启炉。

a. 接通电控柜的电源总开关、锅炉开关电源,检查各部位是否正常、控制机柜是否有报警;

b. 打开控制机柜,检查燃烧机电源、水泵电源、控制电源均处于开状态;

c. 导通需要启动循环泵上下游阀门,确认备用路循环水泵为关,确认排污、旁通阀门为关;

d. 打开循环水泵至手动状态(阀门开的一路);

e. 在水管压力升至 0.2MPa 左右时,进行排污操作,确认无异常声音时停止;

f. 将燃烧机打到自动状态;

g. 进入触摸屏上参数设置项,确认温度下限值处于 45℃,设定温度处于 50℃,上限温度处于 55℃,超温报警为 90℃,烟温报警值为 250℃,如设定温度需调整(气候变化或公司规定),对温度参数进行修改;

h. 确认正常后,按下"燃烧机启炉/启动"按钮,启炉后观察程序控制器复位灯,首先是燃烧器对内部残存天然气进行吹扫,复位灯为黄色,吹扫时间为 20~30s,随后进入点火状态,点火时,复位灯为黄色闪烁,闪烁时间为 2~3s;点火成功后,复位灯显示绿色,启炉成功。如复位灯出现红色,则为故障,立即按下"急停"按钮停炉断电;

i. 启炉成功后,观察触摸屏上出水温度、回水温度、烟道温度是否逐渐上升。

② 停炉。

a. 按下"燃烧机停止/停炉"按钮,燃烧机停止工作;

b. 待出水温度降至 50℃后,关闭循环水泵,水泵停止运行;

c. 关闭电源电控柜锅炉开关电源,关闭电源总开关;

d. 关闭锅炉进出口阀门、燃料气进口阀。

③ 紧急停炉。

如有故障或紧急情况下需要立即停炉，按下急停按钮。锅炉运行中，遇有下列情况之一时，应立即停炉。

a. 水循环恶化造成锅水汽化，或出口水温度上升到与出水压力下相应饱和温度的差小于 20℃时；

b. 锅炉水温度急剧上升，失去控制；

c. 循环泵或补给水泵全部失效；

d. 压力表或安全阀全部失效；

e. 锅炉元件损坏，危及运行人员的安全；

f. 补水泵不断补水，锅炉压力仍然继续下降；

g. 燃烧器损坏，影响安全运行；

h. 其他异常情况，且超过安全运行允许范围。

紧急停炉应立即切断燃烧机电源、气源，隔断总电源，并报告设备主管。严密监视水位和压力。视不同情况，进行处理，检查事故原因。不论是正常停炉还是紧急停炉，锅炉出口水温降到 50℃以下时，才能停循环水泵。

2.3.3.4 热水锅炉操作规程（瑞美燃气热水器）

2.3.3.4.1 检查和准备

（1）点火前，请打开门窗通风 10min，并观察室内固定式可燃气体检测仪是否有报警，检查室内有无燃气泄漏。

（2）在设备附近的区域闻一下是否有燃气味道。若发现有燃气泄漏后，应该按照以下几点执行：

① 不要试图点燃热水器；

② 不要触摸任何电气开关；

③ 上报值班领导，并查找燃气泄漏点，并通知专业人员进行处理。

（3）如发现有部件被水浸湿，不要使用设备，立即致电有资质的维修人员，对设备进行检查，并更换所有浸过水的控制系统和燃气控制器。

（4）检查燃气调压箱内压力，通往热水器燃气入口的最小燃气压力为 1.13kPa，最高供气压力不超过 2kPa。

（5）热水器启动前，确保热水器内注满水。检查确认方法：

① 打开所有热水龙头和阀门；

② 打开冷水和热水支路管道上的所有隔离阀门；

③ 打开通往热水器冷水管路的隔离阀门；

④ 管道中的空气将会从热水龙头排出；

⑤ 当水从每一个龙头畅流出来后，关闭热水龙头。

（6）检查所有的管道有无渗漏现象。

2.3.3.4.2 操作内容及步骤

（1）温控器温度调节。

热水器出厂温控器预设为70℃，当调节温控器温度时，应同时调节温控器补偿值。为满足商用需求，温控器最高可设定到82℃[180°F]。对于一般用途热水，建议将热水温度设定在50～60℃之间。表2.3.1给出了温控器温度及对应的补偿值。

表2.3.1 温控器温度及对应的补偿值

温度设定/℃	补偿值/℃
60	14
65	15
70	16
75	17
80	18
82*	18

注：*—需要再循环系统。

温度控制调节如图2.3.17所示。调节温控器的温度设定和补偿值的步骤如下所示：

① 按"set"进入菜单状态。菜单状态有3个可以显示的项目。

a. set（温度设定点）；

b. CA1（补偿值校正）；

c. Pb1（探针1）。

② 按上键（▲）或下键（▼），直到set（温度设定点）显示。

③ 按"set"键，当前的温度设定值将显示。

④ 按下键（▼）减小，按上键（▲）增加，直到需要的温度显示。

⑤ 按"set"确认或按"fnc"键退出。显示回到菜单状态。

⑥ 按上键（▲）一次，显示CA1（补偿值校正）。

⑦ 按"set"键，显示当前校正值。

⑧ 按下键（▼）降低设定值，或按上键（▲）增加设定值到需要的补偿值（表2.3.1），对应第5步的设定温度的补偿值。例如，如果第5步设定的温度为65℃，则补偿值应该为15℃。

⑨ 按"set"确认或按"fnc"键退出。显示回到菜单状态。

⑩ 按"fnc"键退出菜单，温控器将显示当前水温。

注意：在进入菜单设定的过程中，如果上个操作后15s内未进行操作，温控器将退回到先前的温度显示状态。如果需要再次进行设定，需要再从第1步开始。

图 2.3.17　温度控制调节

（2）启停燃气热水器。

① 开启热水器。

a. 给热水器注满水，并开启热水器。

b. 打开连接热水器冷热水管路上所有的水龙头和截止阀门。

c. 打开热水器冷水隔离阀，管路中的空气将被排出。

d. 管道中的空气将会从热水龙头排出。当水从每一个龙头畅流出来后，关闭热水龙头。

e. 检查所有的管道有无渗漏现象。

f. 打开燃气进口前端管路上的燃气阀门。

g. 检查燃气管路有无泄漏。

h. 接通热水器的电源。

i. 当系统达到工作温度，再次检查所有的管道有无渗漏。

② 关闭热水器。

a. 关闭热水器电源。

b. 关闭热水器进气管前端的燃气阀门。

c. 关闭热水器进水口前端的冷水隔离阀。

d. 关闭冷水接口和热水接口的截止阀。

③ 紧急关闭。

当燃气热水器出现过热或燃气控制阀无法关闭燃气时，应关闭热水器前的手动燃气切断阀及切断电源。

④ 排空热水器中的水。

a. 断开热水器的电源。

b. 关闭所有热水龙头。

c. 操作温度压力安全阀的操作杆（不可将操作杆后翻，这会损伤阀座。提起操作杆会使热水器内的压力释放）。

d. 接一软管至热水器排水阀，将软管的另一端引至排水处，打开排水阀。

e. 再次开启安全阀操作杆，使空气能进入热水器，水可以从软管流出。

⑤点火程序。

热水器配置自动点火系统，操作步骤如下。

a. 接通热水器电源。

b. 热表面点火器的点火针加热20s后，燃烧器将被自动点燃。

c. 如果燃烧器点火失败，等待5min后，让未燃烧的气体逸出后，将有第2次和第3次再点火尝试。

d. 如果第3次再点火仍然失败，系统将进入锁死状态。如要再次重启热水器，需要断开热水器的电源（将电源开关向下推动到分闸位置），等待10s后，重新将电源开关向上推动到合闸位置，接通电源开启热水器。如果热水器仍然点火失败，需要与有关代理商或维修人员联络。

2.3.4 维护与保养

（1）保持设备及其锅炉房环境的清洁；

（2）每日巡检观察供暖水压力表的示值，须及时补充供暖水；

（3）定期清洗水过滤器、点火棒、转杯盘，每年进行安全阀校验，确保安全调压阀、风门处于最佳状态。

（4）每年春检期间，测试锅炉房可燃气体报警器与排风扇联锁功能的有效性，及时处理设备的相关故障。

2.3.5 故障与处理

2.3.5.1 采暖锅炉

采暖锅炉的风险提示，以及削减措施、预控措施见表2.3.2。

表2.3.2 采暖锅炉的风险提示，以及削减措施、预控措施

序号	风险提示	消减措施、预控措施
1	室内天然气泄漏、发生火灾爆炸	（1）加强检查，及时修复； （2）确保风机联锁系统正常运行
2	排烟管温度	（1）加装隔热层； （2）设置警示标志
3	电源控制柜漏电、人员伤害	一人操作、一人监护
4	电气线路设备接线不良，造成过热现象	定期检查设备接线情况，发现问题及时处理
5	室内温度不能正常升温	（1）管道有杂质堵塞管道，清洗供暖水过滤器； （2）设备故障，增压泵无法启动
6	回水管路堵塞	（1）管路清洗； （2）检查回水阀是否正常开启

2.3.5.2 热水锅炉（瑞美燃气热水器）

2.3.5.2.1 常见故障及处理

（1）自动点火控制系统故障诊断。

热水器配有一个电子控制模板，它位于室内型热水器检修盖内侧，当接通热水器的电源时，模板上的LED指示灯会闪烁一次。当热水器热表面点火系统出现故障，或故障影响热表面点火系统时，热表面系统将自锁。同时LED指示灯将发出不同的频率闪烁指示故障。每组故障闪烁间隔停顿2s。自动点火控制系统的故障诊断见表2.3.3。

表 2.3.3　自动点火控制系统的故障诊断

LED指示灯闪烁次数	故障	备注
1	再点火尝试自锁	
2	631 275 适用—风压开关未打开	
3	631 275 适用—风压开关未闭合	
4	火焰检测回路检测失败	
5	检测到残火—燃气阀未开启时	
6	火线和零线反向	
7	检查火焰传感器和/或设备接地问题	
快闪	经常性检测失败	
常亮	按复位按键"*"	如果按复位键后，LED指示灯仍然常亮，电控板必须要更换。联络当地代理商或服务机构处理

（2）电子温控器的故障诊断。

热水器带有一个电子温控器，在发生故障时，温控器指示灯将显示2位代码，用来诊断故障。电子温控器的故障诊断见表2.3.4。

表 2.3.4　电子温控器的故障诊断

代码	故障	备注
EI	温度传感器故障	

（3）温度压力安全阀故障诊断。

① 热水器正常运行加热水时，温度压力安全阀会排出少量水，这属于正常现象。如果在24h内，排水量超过热水用量的2%，则表示热水器可能有故障。

② 连续滴水，用手轻缓提起温度压力安全阀的操作杆数秒钟，这可以清除阀内的脏物及故障，然后轻轻放下操作杆。

2.3.5.2.2 风险提示及削减措施、预控措施

（1）如果热水器出现过热、失火、遭水淹或其他损坏，或者炉内燃气阀无法关闭，请务必关闭手动燃气阀。

（2）水没有充满热水器，切勿开电源。

（3）如果热水器的冷水阀关闭，切勿开电源。

（4）切勿在热水器所在区域或任何其他设备附近区域使用和存放汽油或其他易燃挥发物或易燃液体，如黏结剂、油漆稀释剂。如果一定要使用这些易燃物，请打开门窗通风，并同时关闭所有正在燃烧的燃烧设备，以免点燃可燃物。

注意：易燃挥发物可随气流被吸到热水器周围。

（5）切勿在热水器旁堆放报纸、抹布、拖把等可燃物。

（6）热水器长期（通常为两星期以上）不使用后，热水系统内会有氢气产生。氢气具有极强的可燃性。为了排空这些氢气，避免出现人员受伤事故，建议在使用与热水系统相连的各类电气设备前，将厨房水池的热水龙头打开几分钟。如果管内有氢气存在，在水流开始放出时，可能会有类似于空气流出管道时所发出的不正常声音出现。此时，切勿在打开的水龙头附近吸烟或使用明火。

2.4 清管器接收(发送)筒

2.4.1 简介

清管器接收(发送)筒也称"收(发)球筒",用于天然气、原油、成品油管道的清管、扫线、除垢等作业,确保管线安全运行,其特点是操作方便、开关迅速、安全可靠。

2.4.2 结构和工作原理

清管器接收(发送)筒由快开盲板、筒体、大小头、直管段及各个开口接管等组成,清管器发送筒的结构简图如图2.4.1所示,清管器接收筒的结构简图如图2.4.2所示。

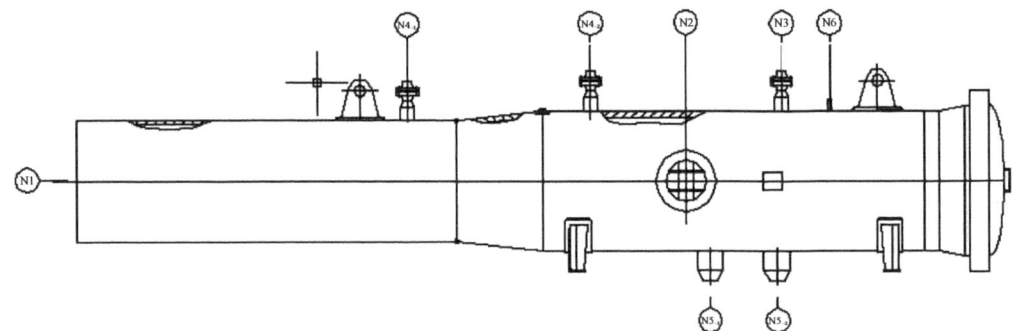

图2.4.1 清管器发送筒的结构简图

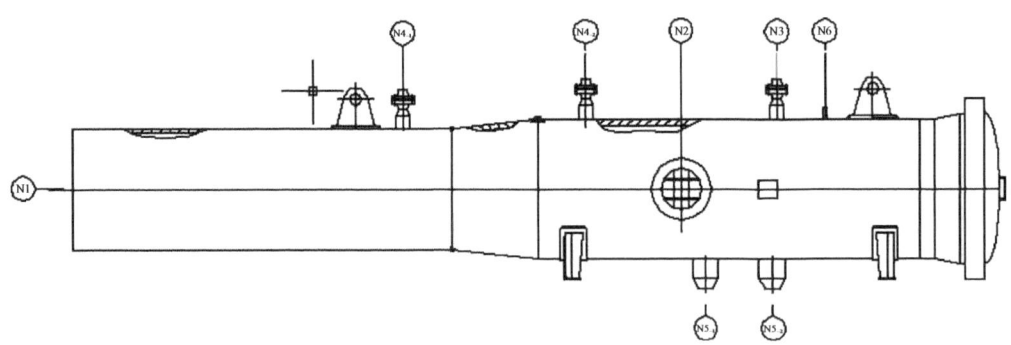

图2.4.2 清管器接收筒的结构简图

2.4.3 操作

操作管理人员需要熟悉清管器接收(发送)筒的结构和工作原理,掌握操作技能,严格执行操作规程,操作人员和维修人员必须经过技术培训合格后方可上岗。

2.4.3.1 作业前检查

(1)收(发)球流程上的阀门均处于关闭状态。

（2）收、发球筒压力表的压力值为零。

（3）收、发球筒的排污阀、排气阀处于全开状态。

（4）确认收、发球流程管线内无油品。

2.4.3.2 作业前准备

（1）对讲机：一对，电量充足，将其调至相同频率。

（2）便携式可燃气体检测仪：电量充足，工作正常。

（3）劳保用品：正确佩戴。

（4）工器具：盲板专用打开操作杆。

（5）抹布：干净清洁。

（6）锂基润滑脂：干净清洁。

（7）盲板密封胶圈：盲板专用密封胶圈和密封环。

2.4.3.3 操作流程

（1）对收（发）球筒泄压。

① 向中控汇报进度，关闭盲板连接设备的前后端阀门，并将其置于"STOP"状态。

② 对设备进行泄压和放空。

③ 做好现场安全措施，准备好灭火器、便携式可燃气体检测仪等。

（2）打开盲板。

① 缓慢松动压力报警螺栓，但不要将其卸下，如果容器内有残压，螺栓会发出报警声，液体会通过螺栓槽流出。如果判定发球筒内有残压，重新紧固螺栓，检查发球筒的排污阀是否打开，以及污油罐液位是否上涨，重新排污。排污后，松动压力报警螺栓，待没有液体流出后，方可卸下压力报警螺栓和锁环限定片。

② 将操作杆（万向手柄）放入马蹄机械装置的操作孔，逆时针转动手柄180°，启动马蹄机械装置，把锁环逐步缩回到门凹槽上，听到"咔嚓"声后，证明锁环已回缩到位。

③ 确认锁环回缩到位后，插入门铰链柄及操作杆，用力向外拉，即可打开盲板。

④ 快开盲板打开后，检查快开盲板门的密封面、密封圈、盲板颈部密封面是否有损伤。发现密封圈有损伤时，必须进行更换。

⑤ 对门和盲板颈部的密封面进行清理，确保无杂质。

⑥ 在门和盲板颈部的密封面均匀涂抹一层锂基润滑脂。

（3）关闭盲板。

① 当检修作业结束后，用门铰链柄向内推动门，用操作杆调整门的方向，使门垂直地进入快开盲板的颈部，用力将门推到位。

② 将操作杆放入马蹄机械装置的操作孔，顺时针转动手柄180°，启动马蹄机械装置，并且把锁环逐步外扩到卡槽上，听到"咔嚓"声后，证明锁环已外扩到位。

③ 安装安全泄压螺栓和锁环限定片，并紧固螺栓（紧固螺栓时，应水平并轻轻扭动，

防止将螺扣损伤)。

④ 确认快开盲板已关闭。

注意事项及防范措施：

① 防止碰伤，穿戴好劳保用品，操作时要注意站在快开盲板侧面。

② 油品泄漏时，维修前准备好接油槽。

③ 防止误操作，操作前要填写流程操作票，并严格按操作票执行。

2.4.3.4 操作后的检查

（1）盲板：关闭正确、无渗漏；

（2）收发球筒放空、排污阀：全关无渗漏；

（3）收发球筒压力：现场压力值与站控室后台机显示压力值一致；

（4）阀门状态：现场阀门开、关状态及控制状态与站控机所显示的状态一致。

2.4.3.5 应急处置

在开关盲板前，必须泄净收发球筒或过滤器内的余压，确认前后阀门就地全关。

2.4.3.6 安全注意事项

（1）开、关快开盲板，应按规程进行操作；

（2）打开收球筒的快开盲板时，正面和内侧面不得站人；

（3）确认清管器收球筒进口阀的旁通球阀、节流截止阀全关到位；

（4）开关阀门时应缓开缓关，人员站立于阀门侧方；

（5）出现异常情况，按相应的应急预案进行处理；

（6）接收清管器时，请勿带对讲机靠近过球指示器，防止因信号影响导致其误报警；

（7）操作期间，所有人员站立在指定区域，不能随意走动；

（8）现场人员不得违章指挥，操作人员按照操作票操作，不得违章操作；

（9）拍照人员需得到相应许可，在警戒区外指定位置拍照，严禁携带非防爆电子设备；

（10）发生紧急情况，在场站安全人员的带领下，按照逃生路线有序撤离，不能乱跑乱撞；

（11）收球操作均为手动操作，涉及阀门切换时，必须就地操作；

（12）现场操作人员在操作前释放人体静电。

2.4.4 维护与保养

（1）每半年对盲板进行保养；

（2）每半年对密封胶圈进行保养；

（3）每季度对螺栓进行保养。

2.5 磁性过滤器

2.5.1 简介

磁性过滤器主要用于清除石油管道中的铁磁性杂质，具有磁力强、除铁效果好、清理铁屑方便等优点。可以将磁性过滤器的核心元件（磁棒）组装至其他形式的过滤器筒内，如 Y 形过滤器、T 形过滤器、篮式过滤器等，不仅可以除掉介质中的铁磁性杂质，也可以除掉非磁性固体颗粒杂质。

2.5.2 结构和工作原理

2.5.2.1 磁性过滤器的工作原理

磁性过滤器由采用高矫顽力的强磁性材料与阻拦滤网组合而成，它的吸附力是一般磁性材料的十倍，具有在瞬间液流冲击或高流速状态下，吸附微米级的铁磁性污染物的能力，并能使在高速冲击下的铁磁性污染物重新被吸附住，从而避免了液压元件的卡死或摩擦副的磨损，延长液压元件及液压系统的使用寿命，增强液压系统的可靠性。

对于磁性过滤器，当液体通过主管进入滤网后，固体杂质颗粒被阻挡在滤网内，当介质中含有细度铁屑成分时，其会被吸附在磁棒套管上，而洁净的流体通过滤网，由过滤器出口排出。当磁性过滤器需要清洗时，可旋开主管底部的排污口螺塞，排净流体，拆卸法兰盖，取出滤网清洗后，将其重新装入即可。磁性过滤器构造图如图 2.5.1 所示。

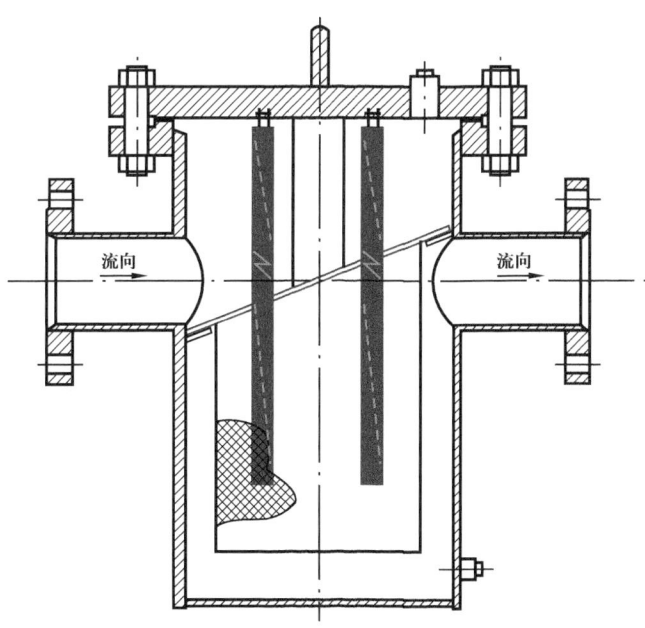

图 2.5.1 磁性过滤器构造图

2.5.2.2 磁性过滤器的特点

（1）采用永久性磁棒，磁性过滤器的表磁最高可达 10000Gs。

（2）磁性过滤器具有磁力强、除铁效果好、清理铁屑方便等优点。

（3）棒磁钢的表面光洁度可以达到食品级的要求。

（4）磁性过滤器的磁源采用高性能的钕铁硼永磁材料，其磁力比同类常规磁性材料（铁氧体或铝镍钴永磁材料）的磁力高 5～20 倍。

2.5.3 维护与保养

磁性过滤器要定期清理，清理时，其不可靠近电脑软盘、银行 IC 卡、手表等容易受干干扰的物品。

（1）抽出的磁棒必须置于清洁场所，磁棒套管内不能有积水。

（2）清理磁性过滤器时，抽出的磁棒盖不能放置在金属物体上，防止损坏磁棒。

（3）把磁性过滤器的接口与液浆输出管路相连，使液浆从过滤器中均匀流过，经过一段时间的试用后，确定清理周期。

（4）清理时，先拧松盖上的夹紧螺丝，取出套管盖部件，然后再抽出磁棒，吸附在套管上的铁性杂质就能自动脱落。清理后再安装时，先把套管装入筒体内，拧紧夹紧螺丝，然后再把磁棒盖插入套管内，即可继续使用。

2.5.4 故障与处理

对于磁性过滤器，其常见故障及处理方法见表 2.5.1。

表 2.5.1 磁性过滤器的常见故障及处理方法

序号	故障现象	可能原因	处理方法
1	过滤器前后压差过大	滤网堵塞	拆开过滤器，清洗滤网
		仪表故障	更换新的差压标
2	过滤效果差	滤芯磁性衰弱	更换滤芯
		过滤器损坏	更换过滤器
3	盲板处泄漏	螺栓松动	拧紧螺栓
		密封垫片损坏	更换垫片

2.6 滑 片 泵

2.6.1 简介

滑片泵主要用于成品油站场排污罐，如图 2.6.1 所示。滑片泵铭牌如图 2.6.2 所示。

图 2.6.1 成品油站场的滑片泵

图 2.6.2 滑片泵铭牌

2.6.2 结构与性能

2.6.2.1 滑片泵的结构

滑片泵又称"叶片泵、刮片泵、刮板泵"，多数由泵体、内转子、定子、泵盖以及滑片组成，如图 2.6.3 所示。

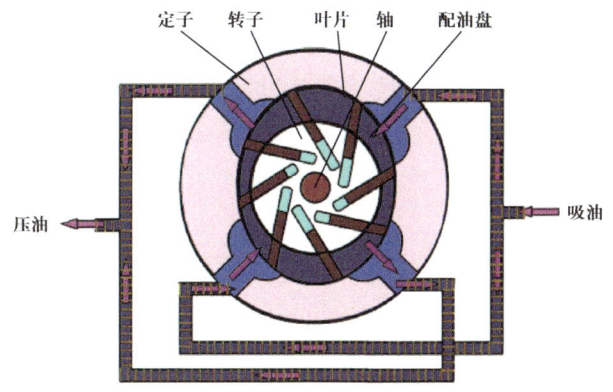

图 2.6.3 滑片泵的结构

2.6.2.2 滑片泵的工作原理

滑片泵主要由转子、定子（即泵壳）、滑板及两侧盖板组成，是依靠偏心转子旋转时，泵缸与转子上相邻两叶片间所形成的工作容积的变化来输送液体或使之增压的回转泵。滑片泵的转子是具有径向槽的圆柱体，槽内安放滑片，滑片可以在槽内自由滑动。转子偏心地安放在泵体内，当转子由原动机带动旋转时，滑片依靠离心力或弹簧力紧压在泵体的内壁上。在转子的前半转，相邻两叶片所包围的空间逐渐增大，形成局部真空而吸入液体。而在转子的后半转，此空间逐渐减小，挤压液体，将液体压送到排出管中。

2.6.2.3 滑片泵的性能特点

2.6.2.3.1 较强的自吸能力

滑片泵用于抽吸地下罐时，提升高度可达 5m。

2.6.2.3.2 高效率

泵内滑片受离心力、机械推力、液压力的联合作用，紧贴定子内曲线运动，从而使泵具有独特的高效率。

2.6.2.3.3 保持性能不变的自调滑片

滑片从转子槽中滑出，虽然不断补充磨损，但是不降低泵的性能，这与齿轮泵有本质的区别。

2.6.2.3.4 输送剪力敏感性液体的能力

液力滑片高效能的设计，使泵在驱动时减少了滑片对流体的剪力及搅动，避免了因此而导致的流体性质改变。

2.6.2.3.5 可靠的密封性

针对黏性、高温介质的特点，滑片泵采用特殊结构的机械密封，具有安全、耐用、可靠的特点。

2.6.2.3.6 维修简单、方便

维修滑片泵时，只需打开泵盖，提出旧滑片，插入新滑片。维修过程只需几分钟，滑片泵就可以重新投入工作。滑片泵的日常检查同样简单且方便。

2.6.2.3.7 安全灵敏的压力保证

泵中设置安全溢流阀，在出口系统突然关闭时，出口压力上升量不超过 0.15MPa，这一方面能保证泵和系统的安全，另一方面能保证电动机不过载。

2.6.2.4 滑片泵的优缺点

滑片泵的优缺点见表 2.6.1。

表 2.6.1 滑片泵的优缺点

优点	可以传输黏性和挥发性液体，相比同等的泵，其功率更低
	在低转速大流量的传输中，此泵更具优势
	快速、低噪声下可长期使用
	自吸能力强，寿命长，体积小，效率高

续表

缺点	自吸性能较齿轮泵差，对吸油条件要求较严，其转速必须在 500～1500r/min 范围内
	对油液污染较敏感，叶片容易被油液中的杂质咬死，工作可靠性较差
	结构较复杂，零件的制造精度要求较高，价格较高

2.6.3 操作与使用

2.6.3.1 启泵前的准备工作

（1）检查泵各连接螺栓是否紧固，检查各接口有无泄漏情况，检查地脚螺栓有无松动现象，检查接地情况是否良好。

（2）检查三角皮带的安装及张紧情况，盘泵2～3转，检查泵的转动是否有卡涩情况。

（3）检查轴承润滑情况是否正常，对于长期停用的泵或新装泵，启动前按要求加注润滑脂。

（4）检查进出口管线上的压力表等是否正常，检查电气系统是否正常。

（5）对于新装泵或维修后的泵，应单独点动电动机，检查电动机和泵标识旋转方向是否一致。

（6）打开进口阀和排气阀，灌泵，尽量排空泵内空气。

（7）确认打开泵进口阀、泵出口阀，确认泵前后工艺流程导通。

2.6.3.2 启动

（1）待各个作业确认完成，启动泵，通过监视压力观察泵运行情况。

（2）泵启动后，检查泵出口压力，确保泵出口压力在性能指标范围内。

（3）检查泵运行情况，不得有刺耳噪声和剧烈振动。

（4）泵连续运转时，要检查轴承的端盖温度是否正常，其不得高于环境40℃，用手触摸泵不得烫手，否则应该停机检查。

（5）泵运行时，操作人员不得离开现场，要监视泵的运转情况，经常检查泵壳，以及出口温度是否有变温现象，如有，则应立即查找原因。

（6）先停泵，然后再关出口阀或进口阀。对于长期停用的泵，应将泵内液体排干，并将内外转子擦干，回装储存。

2.6.4 故障与处理

对于滑片泵，其常见故障与处理方法见表2.6.2。

表 2.6.2 滑片泵的常见故障与处理方法

序号	故障现象	可能原因	处理方法
1	无压差	（1）滑片泵转向不对； （2）介质脏，叶片被卡住； （3）吸入管漏气； （4）吸入管气体不能从出口排出	（1）核对滑片泵的转向； （2）拨动传动轴，正反转几圈让泵内叶片活动一下，若仍不上压，则拆泵检查； （3）检查并消除漏气现象； （4）检查各阀门，开启出口管路，使气体从出口排出
2	工作压力达不到	（1）转速太低； （2）密封处大量泄漏； （3）安全阀开启压力过低； （4）油泵内部损失过大	（1）适当提高转速； （2）先检查轴承是否损坏，若轴承未坏，再检查油封并更换； （3）调整安全阀栓，以达到要求压力； （4）对于滑片泵的主要零件，如泵体偏心套、端盖、转子、叶片等，若磨损过大，则更换零件
3	运行时产生振动和噪声	（1）轴承损坏； （2）泵轴心与传动轴不同心，偏移太大； （3）滑片泵地脚螺栓松动； （4）偏心套磨损太大	（1）更换轴承； （2）调整泵轴与传动轴的同心度，使倾斜角度不得大于7°； （3）紧固油泵的地脚螺栓； （4）更换偏心套

2.7 锁环式快开盲板

2.7.1 结构与原理

锁环式快开盲板用于石油、天然气、化工等管道中，它包括盲板盖、盲板座，以及置于盲板盖和盲板座之间的密封圈。在盲板盖和盲板座的外圆周边上，设有可将盲板盖和盲板座锁紧或松开的压紧环。该压紧环分为三瓣，每相邻两瓣压紧环之间分别设有连接装置，其中一个连接装置由丝杠、丝杠支架和分设在相邻两瓣压紧环上的连接架构成，丝杠支架置于盲板座上，丝杠与两连接架正反向螺纹连接。另外两个连接装置由分设在相邻两瓣压紧环上的连接件构成，两个连接件相铰接。通过旋转丝杠，可使压紧环三瓣联动，使其锁紧或松开，从而实现盲板盖的关闭和打开。锁环式快开盲板的优点是密封圈和盲板盖之间无相对转动，密封圈无损伤，从而更好地保护管道密封系统。锁环式快开盲板在管道的收发球筒、过滤器等作业中发挥重要作用，与传统盲板相比，锁环式快开盲板具有结构合理、密封性能好、启闭迅速、性能可靠、操作方便等特点。快开盲板包括卡箍式、牙嵌式、丝扣式、锁环式等类型。各油气企业的所有收发球筒、卧式过滤器、成品油立式过滤器（不包括小型过滤器）均为锁环式快开盲板。锁环式快开盲板的组件如图 2.7.1 所示，锁环式快开盲板的剖切图如图 2.7.2 所示，其锁定机械装置部件如图 2.7.3 所示。

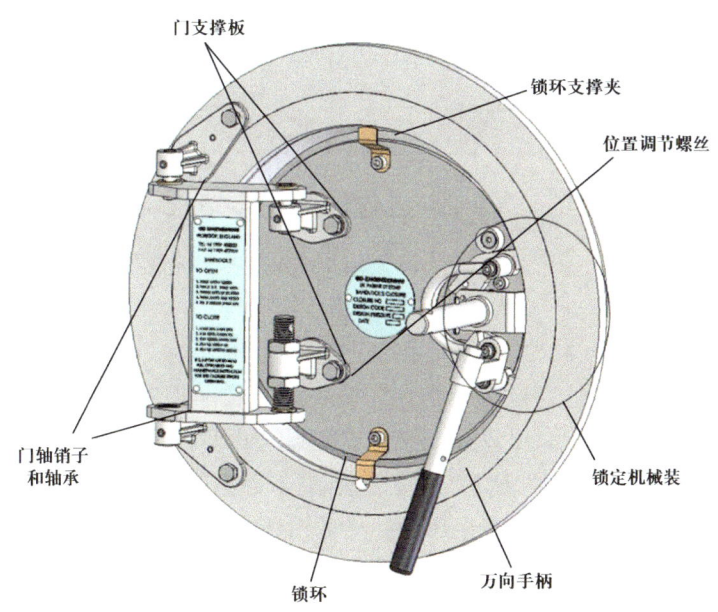

图 2.7.1 锁环式快开盲板的组件

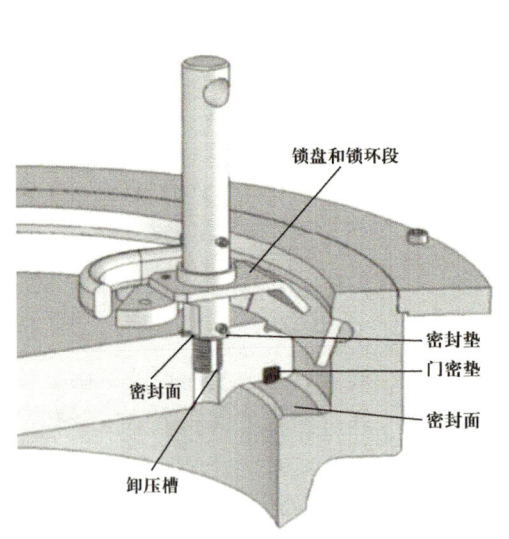
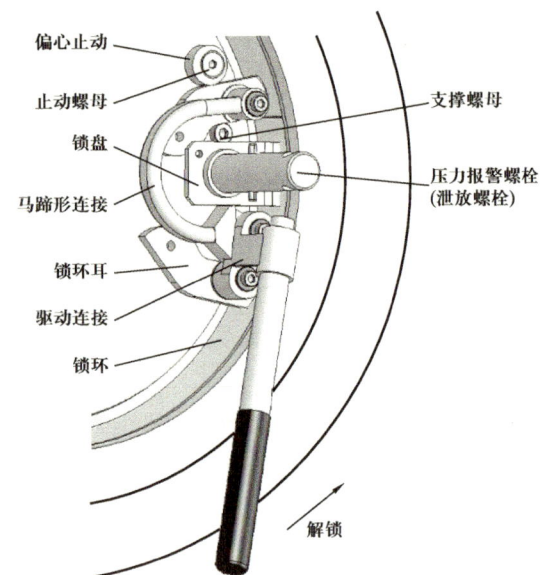

图 2.7.2　锁环式快开盲板的剖切图　　　图 2.7.3　锁环式快开盲板的锁定机械装置部件

2.7.2　快开盲板的操作

2.7.2.1　检查和准备

（1）检查快开盲板及附属装置处于完好状态。

（2）打开盲板前，应确认各阀门的开关状态。

（3）操作时确保球筒未承压，并保持放空阀处于全开状态。

（4）准备好专用工具。

2.7.2.2　操作内容和步骤

快开盲板的操作说明如图 2.7.4 所示。

2.7.2.2.1　打开操作

（1）在打开快开盲板之前，必须检查收发球筒的进出口阀门是否完全关闭。确保收发球筒内的气体已经完全排出放空，保持放空阀门处于开的状态。

（2）慢慢松动排气螺栓，但不要将其卸下，一旦显示有残余压力，立即对所有阀门进行复检。

（3）确认球筒内无压后，将排气螺栓及防松塞块移开。

（4）将操作手柄置于操作孔内，逆时针 180°转动手柄，打开胀圈。

（5）移开操作手柄，通过开启手柄来旋转开门。

图 2.7.4　快开盲板的操作说明

2.7.2.2.2 关闭操作

清洗盲板密封面及凹槽的操作步骤如下所示：

（1）检查密封面有无刀划痕和磨损，以及O形圈有无老化、损坏现象。

（2）轻轻地在盲板密封面和收发球筒密封面上涂上薄薄的一层密封脂。

（3）调整胀圈和盲板的相对位置，确保盲板处于胀圈中央。

（4）向内旋转盲板，直到锁带的胀圈内沿均匀接触到收球筒的外沿，然后用操作手柄调整盲板，使盲板垂直地进入收球筒的颈部。

（5）顺时针转动操作手柄压紧胀圈。

（6）安装防松塞块并拧紧密封螺栓，收好专用工具。

2.7.2.2.3 操作后检查

（1）检查放空系统处于关闭状态。

（2）检查阀门开关标识是否正确。

2.7.2.3 风险提示及削减措施

对于快开盲板，其风险提示及削减措施见表2.7.1。

表2.7.1 快开盲板的风险提示及削减措施

序号	风险提示	风险削减、预控措施
1	打开盲板时，收球筒内的余压造成人体伤害	（1）放空系统阀门处于全开状态； （2）严禁人员站在盲板正面操作
2	操作快开盲板时，造成人体伤害	现场设安全监护人，禁止在快开盲板正面站人

盲板的操作站位如图2.7.5所示。

2.7.3 维护与保养

2.7.3.1 盲板的清洁维护

（1）打开盲板，从门上取下密封时，可用圆柄勺子的柄将其翘起，然后用手拿下。检查密封有无机械损坏，如有损坏，须更换，如没有损坏，须用水加洗涤灵清洗，上边的油污及其他脏物必须彻底清洁干净，然后用干净的布将水分擦干，将密封暂放在干净的地方保管。另外，密封不能团在一起，因为有不锈钢圈铸在橡胶里，应避免将其弄折。

（2）用砂纸擦拭清理密封凹槽，然后用一块干净棉布擦干净密封凹槽表面。砂纸等级可为100目、120目或180目。

（3）用砂纸擦拭板门在关闭后和法兰接触的部位，即密封面，然后用干净棉布擦干净表面。

（4）锁环凹槽处通常有脏物，须清理干净，否则会影响锁环安装到位。

(a) 正确站位

(b) 错误站位　　　　　　　　　(c) 错误站位

图 2.7.5　盲板的操作站位

（5）上述几个部位都清洁干净后，即可涂油脂、硅油、黄油，或者其他类似的油脂。需要涂油脂的地方包括：密封凹槽（涂完油脂后，安装密封，密封向外的一面也要涂油脂）；锁带凹槽，即门关闭后和法兰内部的接触面；锁带和门的接触面，涂抹此部位时，不要涂抹太多油脂，涂薄薄一层即可，此外，油脂不能太黏。锁环本身不需要涂油脂。

（6）检查泄压螺栓的密封垫有无损坏，如有损坏，须更换，如没有损坏，须清洁密封垫及螺栓孔，并涂抹少量油脂。

（7）盲板下方有一个小孔，要保持其通畅，雨天时，水可以顺着从小孔流到地面。

（8）装回密封时，要注意不能放反，即密封的唇应该向外。另外，密封胶圈在安装时，先安装 12 点、6 点、9 点及 3 点的位置，再把周边按进去。

（9）清理干净锁环槽，并涂抹油脂。锁环和门接触的部位也需要涂抹油脂，其目的是在下次开启盲板时比较轻松，且不会发生锈蚀。

（10）锁环及锁环接触部位不能喷漆或刷漆，否则会造成锁环无法操作或滑行困难。

2.7.3.2 操作注意事项

（1）打开盲板门前，先卸压放空。

（2）快开盲板正面和内侧不能站人，要站在侧面，先拧松一点卸放螺栓，如果有听到哨声、呲声，或者闻到气味，证明容器内有残压，这时再拧紧斜放螺栓，直至没有残压时，再把卸压螺栓全部卸下。

（3）回缩锁带，打开盲板。

（4）关闭盲板时，一个人把门轻轻向前推，推到接近法兰的位置后，稍微用力将门推进位，如果门没有到位，锁环就不能扩张到位。无论是多大尺寸的盲板，一个人在几十秒内，不需要任何工具即可开关盲板，切忌多人关闭盲板门。

（5）安装泄压螺栓时，一定不要用蛮力，同时注意不要倾斜将其拧入，用蛮力和倾斜拧入容易破坏螺纹。用手拧进螺栓后，把长手柄插入泄压螺栓杆孔中，再用力紧一下即可。

（6）盲板投入使用后，不允许敲击和碰撞各主要承压部件。

① 盲板外表必须保持油漆的完整光洁；

② 定期对盲板的主要承压件（如盲板盖、筒体外表）进行检查，若发现严重腐蚀或有裂纹，要及时查找原因，并妥善处理；

③ 每次使用盲板后，应对密封胶圈及密封槽进行清洗、检查，并涂抹润滑油，以防使用时不能密封。

（7）当设备内可能存在 FeS 粉或泥沙时，通过设备或管道上的压力表放气阀，向设备内注入体积约为设备容积的 10% 的洁净水，进行湿式作业，湿式作业后的容器干燥合格后方可重新投运。

2.7.4 故障与处理

对于快开盲板，其常见故障及处理方法见表 2.7.2。

表 2.7.2 快开盲板的常见故障及处理方法

序号	故障	原因	处理办法
1	盲板密封圈处泄漏	（1）密封槽、密封面、O 形密封圈表面有污物； （2）密封圈老化	清理干净污物后，再安装上密封圈
2	安全连锁装置处泄漏	（1）密封槽、密封面、O 形密封圈表面有污物； （2）密封圈老化	清理干净污物后，再安装上密封圈
3	盲板盖与盲板座错位	回转机构部件松动或变位	（1）上下错位：调整回转铰接轴上的调整螺母 （2）左右错位：调整轴套上的定位螺钉

2.7.5 风险分析及削减措施

2.7.5.1 硫化亚铁粉末自燃

（1）危害后果：火灾爆炸；

（2）风险控制措施：严格按照操作规程操作，采取湿式作业，定期清理容器内的粉尘和凝液，严格控制一切火源，杜绝空气进入排污系统，监测天然气浓度。

2.7.5.2 火灾、爆炸

（1）危害后果：人员受伤、设备损坏；

（2）风险控制措施：采用湿式收球，严格按照操作规程操作，加强作业监督，监测天然气浓度，穿戴好劳动防护服装，使用防爆工具，控制一切火源。

2.7.5.3 天然气泄漏

（1）危害后果：火灾、爆炸；

（2）风险控制措施：加强巡检和作业监督，严格按照操作规程操作。

2.7.5.4 机械伤害

（1）危害后果：人员伤亡；

（2）风险控制措施：加强巡检和作业监督，严格按照操作规程操作，穿戴好劳动防护用品，操作时身体不要正对设备操作，应站在设备侧面。

2.7.5.5 中毒、窒息

（1）危害后果：人员伤亡；

（2）风险控制措施：加强巡检和作业监督，监测有害气体浓度，严格按照操作规程操作，佩戴防毒面具、空气呼吸器。

2.8 立式过滤器

2.8.1 结构与选型

2.8.1.1 立式过滤器的结构组成

过滤器是输送介质管道上不可缺少的一种装置。各油气企业的立式过滤分离器主要由中油管道机械制造有限公司制造，主要安装在进站区、装车区等，用于成品油站场过滤管道中的杂质。过滤器由筒体、滤芯、不锈钢滤网、排污部分等组成。成品油站场的立式过滤器如图 2.8.1 所示，立式过滤器的滤芯如图 2.8.2 所示。

图 2.8.1　成品油站场的立式过滤器

图 2.8.2　立式过滤器的滤芯

2.8.1.2 立式过滤器的工作原理

待处理的液体介质经过过滤器滤网的滤筒后，杂质被阻挡在滤筒内。立式过滤器起到过滤固体中杂质的作用。立式过滤器结构图如图 2.8.3 所示。

2.8.1.3 立式过滤器的选用要求

过滤器按其过滤精度（滤去杂质的颗粒大小）的不同，有粗过滤器、普通过滤器、精密过滤器和特精过滤器四种，它们分别能滤去粒径大于 100μm、10～100μm、5～10μm 和 1～5μm 大小的杂质。

选用过滤器时，要考虑下列几点：

（1）过滤精度应满足预定要求。
（2）能在较长时间内保持足够的通流能力。
（3）滤芯具有足够的强度，不会因液压的作用而导致其损坏。
（4）滤芯的抗腐蚀性能好，能在规定的温度下持久地工作。
（5）滤芯清洗或更换简便。

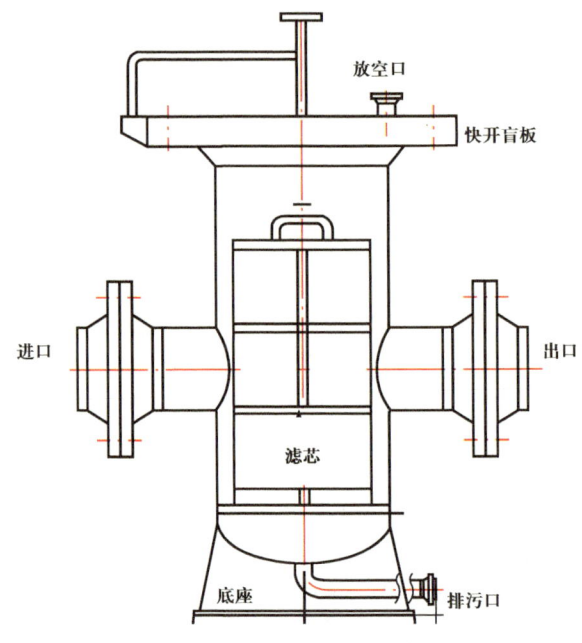

图 2.8.3　立式过滤器结构图

2.8.1.4　立式过滤器的选型原则

（1）进出口通径。

原则上，过滤器的进出口通径不应小于相配套的泵的进口通径，一般与进口管路的口径一致。

（2）公称压力。

按照过滤管路可能出现的最高压力确定过滤器的压力等级。

（3）孔目数。

主要考虑需拦截的杂质粒径，孔目数依据介质流程的工艺要求而定。各种规格丝网可拦截的粒径尺寸见表 2.8.1。

表 2.8.1　不同滤网规格的过滤精度

滤网目数	粒径 /μm	滤网目数	粒径 /μm
2	8000	8	2360
3	6700	10	1700
4	4750	12	1400
5	4000	14	1180
6	3350	16	1000
7	2800	18	880

续表

滤网目数	粒径/μm	滤网目数	粒径/μm
20	830	150	106
24	700	160	96
28	600	170	90
30	550	175	86
32	500	180	80
35	425	200	75
40	380	230	62
42	355	240	61
45	325	250	58
48	300	270	53
50	270	300	48
60	250	325	45
65	230	400	38
70	212	500	25
80	180	600	23
90	160	800	18
100	150	1000	13
115	125	1340	10
120	120	2000	6.5
125	115	5000	2.6
130	113	8000	1.6
140	109	10000	1.3

（4）过滤器材质。

过滤器的材质一般与所连接的工艺管道的材质相同，对于不同的服役条件，可考虑选择铸铁、碳钢、低合金钢或不锈钢材质的过滤器。

2.8.2 操作与使用

过滤器应根据管道系统的技术要求，按过滤精度、通流能力、工作压力、油液黏度、工作温度等条件选定其型号。过滤器的启用步骤如下：

（1）过滤器在使用之前，应做一次全面的检查，确保过滤器处于完好的状态。

（2）打开压力表的根部阀，打开过滤器的放空阀，确认过滤器的排污阀关闭。

（3）打开过滤器的上游阀门对分离器进行充压，上游阀门端有旁通阀时，应首先使用旁通阀缓慢向分离器充压，同时进行排气操作，当放空管处有液体排出时，关闭放空阀，当过滤器内的压力稳定后，再全开进口阀门，反复开启放空阀进行排气，当无气体排出时，关闭放空阀。

（4）确认过滤器无泄漏，压力稳定后，开启过滤器的下游阀门，启用过滤器。

2.8.3 维护与保养

（1）关闭过滤器的进出口阀门。

（2）缓慢打开过滤器的排污阀进行排污，观察过滤器前后端压力。

（3）当过滤器前后端压力降至0后，缓慢开启过滤器放空阀。

（4）拆卸泄压螺栓和锁环小块，通过旋动手轮将盲板向上开启，盲板上升到位后，水平移动，使顶盖部分不影响滤芯取出。

（5）拆卸滤芯，将滤网中的杂质清理排出（提前准备吸油毡，将杂质放入吸油毡中，防止油品外流），清理完成后回装滤芯。

（6）检查密封圈，如密封圈破损，及时更换。

（7）确保密封圈、密封凹槽、锁环滑行面清洁，并涂上润滑脂。

（8）将顶盖水平移回至过滤器正上方，调整位置，向下缓慢放置，使顶盖与过滤器对准安放。

（9）安装锁环及泄压螺栓。

（10）关闭排污阀，使用过滤器进口旁通阀缓慢充压，同时进行排气。

（11）放空管处有油品流出时，关闭放空阀，压力平衡后，反复多次排气，直至无气体排出。

（12）确认过滤器无泄漏后，开启过滤器前后端阀门，关闭进口旁通阀，投用过滤器。

2.8.4 注意事项

（1）过滤器的核心部位是过滤器芯件，过滤芯由过滤器框和不锈钢钢丝网组成，不锈钢钢丝网属易损件，需特别保护。

（2）当过滤器工作一段时间后，过滤器芯内沉淀了一定量的杂质，这时的压力降增大，流速会下降，需及时清除过滤器芯内的杂质。

（3）清洗杂质时，特别注意过滤芯上的不锈钢钢丝网不能变形或损坏，否则，再装上去的过滤器，过滤后的介质纯度达不到设计要求，压缩机、泵、仪表等设备会遭到破坏。

（4）如发现不锈钢钢丝网变形或损坏，须马上更换。

（5）在过滤器进出口压差达到 0.1MPa 时，应清洗过滤器的滤芯，以保持过滤器较高的运行效率。

（6）仔细检查过滤器的外部组件有无漏油现象。

（7）定期检查过滤器表面有无掉漆、锈蚀现象，保持表面清洁、无污物。

（8）定期对过滤器支路进行切断使用，使过滤分离器更好地运行。

（9）每年入冬季前，要对分离器内部和滤芯的清洁情况进行检查，必要时更换新滤芯。

（10）每开关一次快开盲板，检查盲板密封面，清理密封槽，涂硅油脂，必要时更换密封圈。

（11）选定有资质的压力容器检定单位，对过滤分离器每隔一年做一次外检，每隔三年做一次内外检。

（12）对过滤分离器大小头关键部位定期一年做一次壁厚检测。

2.8.5 故障与处理

2.8.5.1 法兰或连接处泄漏

在过滤器的运行或升压过程中，发现泄漏时，必须立即切换流程，停运发生事故的分离器，然后进行放空排污操作，压力降为零后，方可进行维修操作。

2.8.5.2 过滤器前后压差增大或流量减小

在过滤器的运行过程中，由于油品中的杂质增多或固体颗粒较多，引起分离器前后压差增大，当前后压差超过 0.1MPa 时，表明分离器内部出现堵塞，应及时停运，并进行检修。

2.8.5.3 过滤器上部排水口漏油

发生此故障的原因是过滤器 O 形圈的密封性不好，应切换运行备用过滤器，打开该过滤器，进行维护保养，重点检查密封面，重新涂黄油密封。

2.8.5.4 油品停输期间的过滤器压力过高

停输期间，站内分输流程关闭，过滤器及前后管段内的液体密闭，密闭油品压力受温度的影响较大，当环境温度升高时，死油段的油品压力迅速升高，造成过滤器压力过高。此时应及时打开排污进行泄压，将压力降至 0 后，关闭排污，同时值班人员密切关注过滤器前后端压力。

2.8.5.5 过滤器滤网破损

由于目数过大，或者网眼被杂质堵塞，造成滤网在压差过大的情况下破损，可通过更换合适目数的滤网解决此故障。

2.9 螺杆泵

2.9.1 简介

螺杆泵是容积式转子泵，它是依靠由螺杆和衬套形成的密封腔的容积变化来吸入和排出液体的。螺杆泵按螺杆数目分为单螺杆泵、双螺杆泵、三螺杆泵。螺杆泵的特点是流量平稳、压力脉动小、有自吸能力、噪声低、效率高、寿命长、工作可靠；而螺杆泵的突出的优点是输送介质时不形成涡流，对介质的黏性不敏感，可输送高黏度介质。

2.9.2 结构与分类

2.9.2.1 螺杆泵的结构

螺杆泵的工作原理与齿轮泵相似，只是在结构上用螺杆取代了齿轮。螺杆泵的流量和压力脉冲很小，噪声和振动小，有自吸能力，但螺杆加工较困难。泵有单吸式和双吸式两种结构，但单螺杆泵仅有单吸式。必须配安全阀，以防止由于某种原因，如排出管堵塞，使泵的出口压力超过容许值而损坏泵或原动机。螺杆泵的结构如图2.9.1所示。

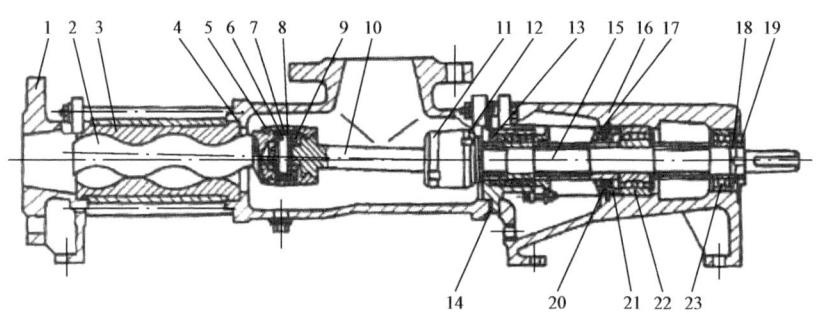

图 2.9.1 螺杆泵的结构图

1—端盖座；2—转子；3—定子；4—进料口壳体；5—保护套；6—销轴；7—定位套；8—端套；9—销套；10—连杆；11—锁紧带；12—扣紧带；13—密封圈；14—密封圈垫；15—传动轴；16—传动箱壳体；17—保护盖；18—止动垫圈；19—圆螺母；20—油封；21—密封圈；22—轴承；23—轴承

2.9.2.2 螺杆泵的分类

螺杆泵按螺杆数量分为单螺杆泵、双螺杆泵、三螺杆泵。

2.9.2.2.1 单螺杆泵

单根螺杆在泵体的内螺纹槽中啮合转动的泵即为单螺杆泵，如图2.9.2所示。

单螺杆泵是一种单螺杆式输运泵，它的主要工作部件是偏心螺旋体的螺杆（转子）和内表面呈双线螺旋面的螺杆衬套（定子）。单螺杆泵的工作原理是当电动机带动泵轴转动时，螺杆一方面绕本身的轴线旋转，另一方面它又沿衬套内表面滚动，于是形成泵的密封腔室。螺杆每转一周，密封腔内的液体向前推进一个螺距，随着螺杆的连续转动，液体以螺旋形方式从一个密封腔压向另一个密封腔，最后挤出泵体。螺杆泵是一种新型的输送液体的机械，具有结构简单、工作安全可靠、使用维修方便、出液连续均匀、压力稳定等优点。单螺杆泵的主要性能参数：扬程为60～120m、功率为0.75～37kW、转速为500～960r/min、口径为20～135mm、温度为-15～200℃。

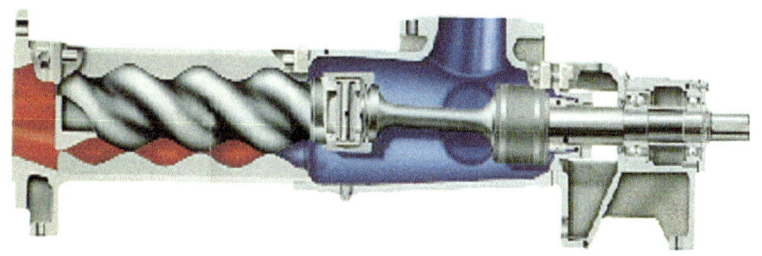

图2.9.2 单螺杆泵

由于转子和定子的特殊几何形状，分别形成单独的密封容腔，介质在轴向均匀推行流动，内部的介质流速低，容积保持不变，压力稳定，因而不会产生涡流和搅动。每级泵的输出压力为0.6MPa，扬程为60m（清水），自吸高度一般为6m，适用于输送温度在80℃以下（有特殊要求时，介质温度可达150℃）的介质。

因此泵的定子由多种弹性材料制成，所以这种泵对高黏度流体的输送、含有硬质悬浮颗粒介质或含有纤维介质的输送，有一般泵种所不能胜任的特点。单螺杆泵的流量与转速成正比。

单螺杆泵的传动可采用联轴器直接传动，或者采用调速电机、三角带、变速箱等装置变速。这种泵的零件少、结构紧凑、体积小、维修简便，其转子和定子是泵的易损件，结构简单，便于装拆。

转子是通过精加工、表面镀铬的高强度螺杆；定子就是泵筒，是由一种坚固、耐油、抗腐蚀的合成橡胶精磨成型，然后被永久地黏结在钢壳体内而成。单螺杆泵的结构示意图如图2.9.3所示。

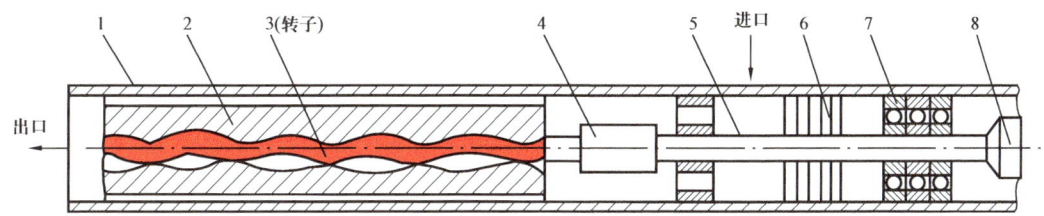

图2.9.3 单螺杆泵的结构示意图
1—泵壳；2—衬套；3—螺杆；4—偏心连轴节；5—中间传动轴；6—密封装置；7—径向止推轴承；8—普通连轴节

2.9.2.2.2 双螺杆泵

由两个螺杆相互啮合输送液体的泵即为双螺杆泵，如图2.9.4所示。

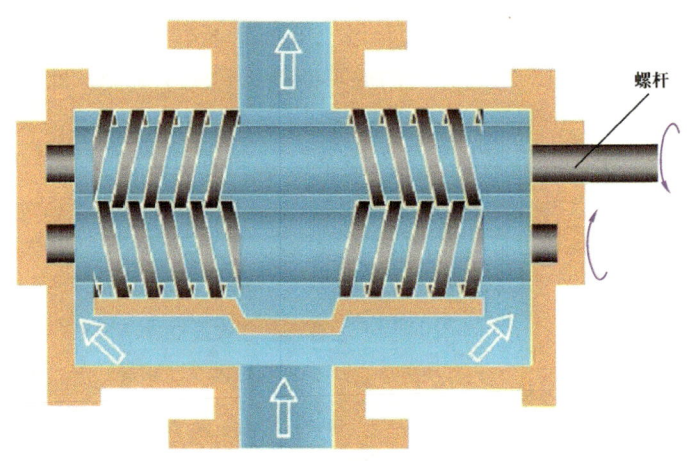

图 2.9.4 双螺杆泵

双螺杆泵是由主、从动轴上相互啮合的螺旋套和泵体或衬套间形成一个容积恒定的密封腔室,介质随螺杆轴的转动分别被送到泵体中间,两者汇合在一起,最终送达泵的出口,从而实现泵输送介质的目的。

双螺杆泵可分为内置轴承和外置轴承两种形式。在内置轴承的结构形式中,轴承由输送物进行润滑。外置轴承式双螺杆泵的工作腔同轴承是分开的。由于这种泵的结构和螺杆间存在侧间隙,它可以输送非润滑性介质。此外,调整同步齿轮使得螺杆不接触,同时将输出扭矩的一半传给从动螺杆。正如所有螺杆泵一样,外置轴承式双螺杆泵也有自吸能力,而且多数泵的输送元件本身都是双吸对称布置,可消除轴向力,也有很大的吸程。双螺杆泵的特点如下所示。

(1)输送液体平稳、无脉动、无搅拌、振动小、噪声低。
(2)有很强的自吸性能,多相混输时,含气率不高于80%,含沙量不高于$500g/m^3$。
(3)外置轴承结构采用独立润滑,可以输送各种非润滑性介质。
(4)采用同步齿轮驱动,两转子之间不接触,即使泵短时间空转也无妨。
(5)泵体带有加热套,可以输送各种清洁、含有固体小颗粒的低黏度或高黏度介质。
(6)正确地选用材料,甚至可以输送很多有腐蚀性的介质。
(7)具有双吸式结构,转子上没有轴向力。
(8)轴端采用机械密封或波纹管机械密封,具有寿命长、泄漏少、适用范围广的特点。
双螺杆泵的结构如图2.9.5所示。

2.9.2.2.3 三螺杆泵

由多个螺杆相互啮合输送液体的泵即为三螺杆泵,如图2.9.6所示。

三螺杆泵的基本工作原理:由于各螺杆的相互啮合,以及螺杆与衬筒内壁的紧密配合,在泵的吸入口和排出口之间,就会被分隔成一个或多个密封空间。随着螺杆的转动和啮合,这些密封空间在泵的吸入端不断形成,将吸入室中的液体封入其中,并自吸入室沿螺杆轴向连续地将其推移至排出端,将封闭在各空间中的液体不断排出,犹如一个螺母在螺纹回转时被不断向前推进的情形,这就是三螺杆泵的基本工作原理。三螺杆泵属推进式容积泵,其主要部件是转子和定子,转子是一个大导程、大齿高和较小螺旋内径的螺杆(转子),定子是与转子相配的双头螺线和螺套。在转子和定子间形成了储存介质的空间,当转子在定子内运转时,介质沿轴向由吸入端向排出端运动。三螺杆泵具有以下优点。

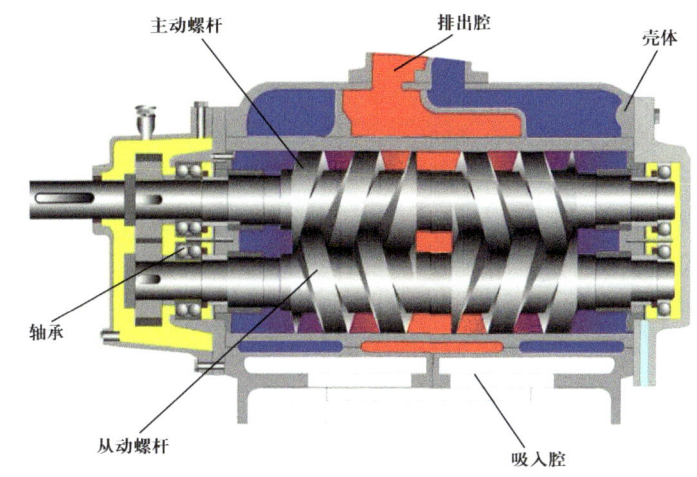

图 2.9.5　双螺杆泵的结构

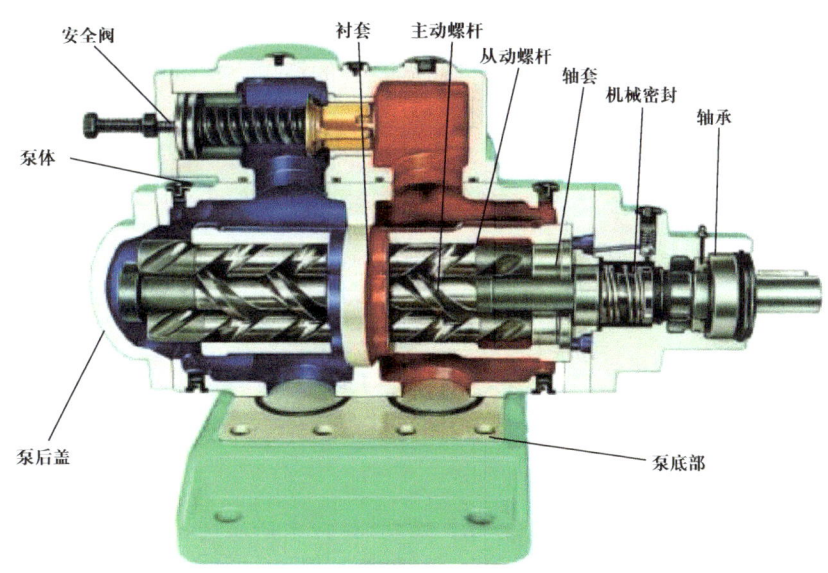

图 2.9.6　三螺杆泵

(1)压力和流量范围宽,压力为 0.34～34MPa,流量可达 18600cm^3/min。
(2)运送液体的种类和黏度范围宽。
(3)因为泵内的回转部件的惯性力较低,故可使用很高的转速。
(4)吸入性能好,具有自吸能力。

（5）流量均匀连续，振动小，噪声低。

（6）与其他回转泵相比，三螺杆泵对进入的气体和污物不太敏感。

（7）结构坚实，安装保养容易。

2.9.3 操作与使用

2.9.3.1 启动前

（1）检查流程是否正确。

（2）检查泵周围是否清洁，不允许有妨碍泵运行的东西存在。

（3）检查联轴器保护罩和地脚等部分螺丝是否紧固、有无松动现象。

（4）轴承油盒要有充足的润滑油，油位应保持在规定范围内，检查油质是否完好。

（5）按泵的用途及工作性质选配好适当的压力表。

（6）对于有轴瓦冷却水及轴封水的机泵，应保持水流畅通。

（7）检查电压是否在规定范围内、外观电动机接线及接地是否正常。

（8）用手盘动联轴器，检查泵内有无异物碰撞杂声或卡死现象，若有，给予消除。

2.9.3.2 泵的启动与运行

（1）将料液注满泵腔，严禁干摩擦。

（2）打开螺杆泵的进出阀门后（要求阀门全开，以防过载或吸空），开启电动机。

（3）如果有旁通阀，应在吸排阀和旁通阀全开的情况下启动泵，让泵启动时的负荷最低，直到原动机达到额定转速时，再将旁通阀逐渐关闭。

（4）运行中检查轴封密封是否完好，允许有呈滴状的微量渗漏，对于轴封，如泄漏量不超过 20～30s/滴，则认为正常。检查泵出料量是否正常，以及是否存在振动或噪声，发现异常，应立即停车并排除故障。

3.9.3.3 停泵

停车前需先停止电动机运行，然后关闭吸入管阀门，再关闭排出口阀门（防止干转，以免擦伤工作表面）。

2.9.3.4 运行中的注意事项

（1）启动前，一般应全开入口阀、出口阀，打开出口阀后，应尽快将泵启动。严禁在没有打开出口阀的情况下开泵（如果出口阀关闭，必须保证出入口的连通阀全开）。

（2）如果工艺所需流量小，可稍开或不开出口阀，同时全开进出口的连通阀，然后启动机泵正常后，根据工艺需要，缓慢开出口，同时缓慢关小连通阀至正常工况。

（3）严禁在没有灌泵的情况下长时间运转。

（4）出现下列情况立即停泵：严重泄漏、异常振动、异味、火花、烟气、撞击、电流持续超高。

(5)螺杆泵在运行过程中,轴承温度不能超过环境温度35℃,最高温度不得超过80℃。

(6)流量、压力平稳,电流不超过额定值。

(7)密封泄漏不超过下列要求。

① 机械密封:重质油不超过5滴/min,轻质油不超过10滴/min。

② 填料密封:重质油不超过10滴/min,轻质油不超过20滴/min。

2.9.4 故障与处理

对于螺杆泵,其常见故障及处理方法见表2.9.1。

表 2.9.1 螺杆泵的常见故障及处理方法

序号	故障现象	可能原因	处理方法
1	泵启动后上量不足	泵体或吸入管线漏气	排净机泵内的气体,重新灌泵
		入口管线、过滤器堵塞,或者阀门开度小	开大出口阀,疏通入口管线,或者拆开检查入口过滤器
		螺杆间隙过大	更换螺杆
		单向阀不严	检修或更换单向阀
2	运转不平稳或输出压力太低	联轴器找正差	重新找正
		泵壳内进入异物	打开泵体检查清理异物
		吸入阻力大、轴承磨损或损坏	检查入口管线、过滤器是否堵塞,或者阀门开度是否太小,并进行清理、更换
		同步齿轮磨损或错位	调整、修理或更换同步齿轮
		地脚螺栓松动	紧固地脚螺栓
3	出口压力突然升高	压力表损坏	更换出口压力表
		出口管线堵塞,或者出口阀故障	清理出口管线或处理出口阀
4	轴封渗漏	机械密封安装不良或损坏	重新组装或更换机械密封
		轴颈磨损	修复轴颈
5	泵体剧烈振动或产生噪声	(1)泵安装不牢或泵安装过高; (2)电动机的滚珠轴承损坏; (3)泵主轴弯曲,或者与电动机主轴不同心、不平行等	(1)装稳泵或降低泵的安装高度; (2)更换电动机的滚珠轴承; (3)矫正弯曲的水泵主轴,或者调整好泵与电动机的相对位置
6	传动轴或电动机轴承过热	缺少润滑油或轴承破损裂等	加注润滑油或更换轴承
		风扇无法启动	处理风扇故障
7	泵不出液体	(1)泵体和吸水管没灌满引水; (2)进口过低; (3)吸水管破裂等	(1)严格执行灌泵要求; (2)降低泵入口至水位的垂直高差; (3)处理管道破裂问题

2.9.5 维护与保养

2.9.5.1 每日的维护和保养

（1）在螺杆泵停泵时，检查齿轮箱内的油位。若有必要，拆下注油螺塞，加油至油标的中心处为止。

（2）检查是否有异常噪声与振动。

（3）在泵运转时，检查泵是否有泄漏。

注意：对于机械密封，在大多数情况下，由汽化导致从密封泄液孔处观察不到泄漏，但有时允许有少量且稳定的泄漏。

2.9.5.2 每周的维护与保养

（1）对于已经停止工作一周以上的泵，应打开进、出口阀门，接通电动机电源，点动几次泵。

（2）检查进、出口管道上的阀门是否可以正常工作。

2.9.5.3 每季的维护与保养

（1）检查所有基础上的螺母和压紧装置的螺栓是否松动。

（2）每三个月更换一次齿轮箱的油。松开齿轮箱的放泄螺塞，将齿轮油放掉。拧紧放泄螺塞，打开注油螺塞，注入清洁的轻油，清洗齿轮箱。清洗干净后，打开放泄螺塞，放掉轻油，拧紧放泄螺塞，从注油螺塞口注入规定的齿轮油至油标中间位置，拧紧注油螺塞。

2.9.5.4 每年的维护与保养

（1）检查联轴器的对中情况。

（2）对照泵和电动机的数值，检查泵的流量、压力和功率的情况。如果有必要，在压力和流量下降很多的情况下，应对泵进行拆卸检修，更换维修已损坏的部件。如果泵的性能仍然令人满意，则无须拆泵维修。

2.9.5.5 润滑油系统油料的更换时间

（1）轴承每月加入一次 $3^{\#}$ 通用锂基润滑脂。

（2）齿轮箱新泵累计运转 250h，更换齿轮油，连续运转 1000h，更换一次与上述相同的齿轮油。

（3）对于机械密封油，应保证停机时的油位在检视孔中心，日常视情况补充密封油，每半年更换一次密封油。

2.10 内浮顶储罐

2.10.1 简介

内浮顶储罐是在其内部轴心线上安装一轴,以其剖面大小放置一个由特殊的轻质材料制作的顶盖,它可以随内部物体的增多或减少而上下移动,起到限制作用的储蓄罐。

2.10.2 结构

钢制内浮顶储罐由浮盘密封、罐壁、高液位报警装置、固定罐顶、机械呼吸阀、泡沫消防装置、罐顶人孔、罐壁通气孔、液位计、罐壁人孔（带芯人孔）、人孔、静电导出线、量油管、内浮顶、浮盘人孔、浮盘立柱等组成,如图2.10.1所示。内浮顶一般采用钢制单盘式浮顶,其浮顶的外圈是双层,称为浮舱,浮盘的中心部位则是单层钢板。钢制内浮顶罐的浮盘的上下部位如图2.10.2所示。

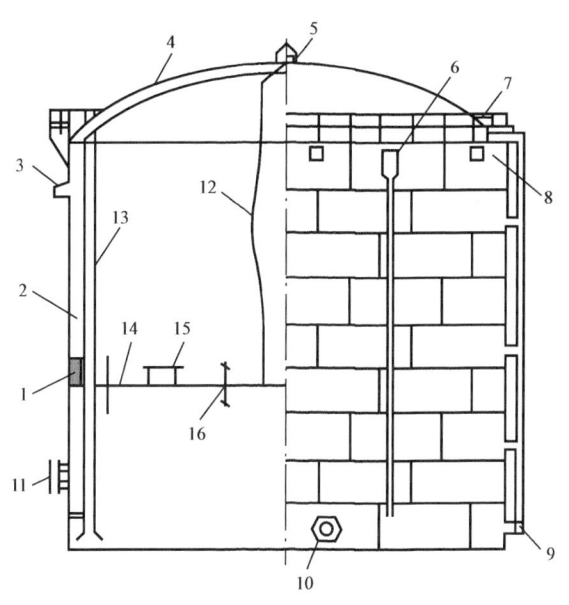

图 2.10.1　钢制内浮顶油罐的结构图

1—软密封；2—罐壁；3—高液位报警装置；4—固定罐顶；5—机械呼吸阀；6—泡沫消防装置；7—罐顶人孔；8—罐壁通气孔；9—液位计；10—罐壁人孔；11—人孔；12—静电导出线；13—量油管；14—内浮顶；15—浮盘人孔；16—立柱

2.10.2.1 钢制浮盘密封装置

为防止油品蒸气从浮顶与油罐四周罐壁之间的间隙中逸出,减小火灾事故的发生概率,浮顶与油罐四周罐壁间设有密封装置。弹性填料密封装置如图2.10.3所示,密封装置如图2.10.4所示。

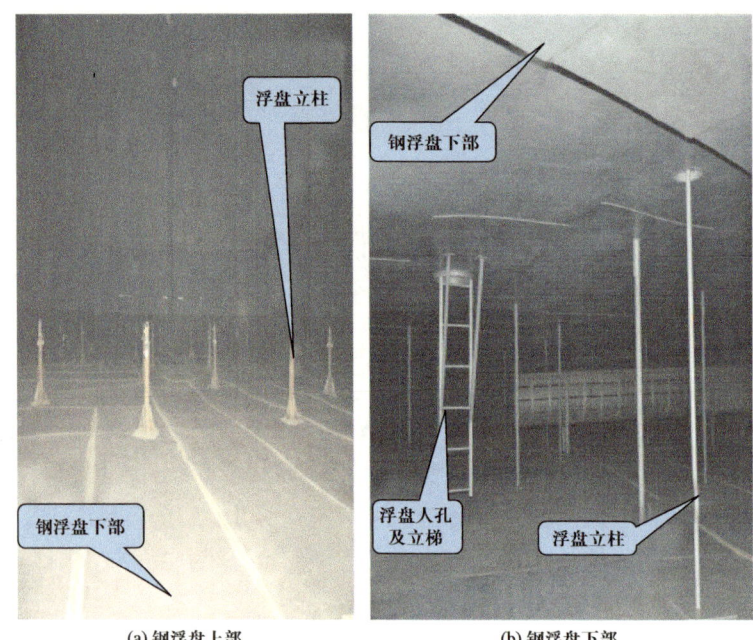

图 2.10.2　钢制内浮顶罐的浮盘上下部位

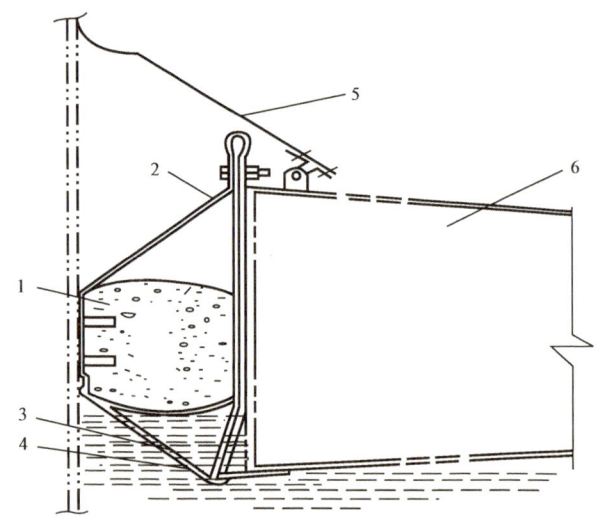

图 2.10.3　弹性填料密封装置图
1—软泡沫塑料；2—密封胶袋；3—固定带；4—固定环；5—保护板；6—浮船

2.10.2.2　自动通气阀

自动通气阀如图 2.10.5 所示。自动通气阀安装于浮盘上，防止浮盘在运行过程中，浮盘内形成超压或真空。

当浮盘下降立柱落于罐底时，通风阀立柱先接触罐底，阀门自动开启，向浮盘内进气，使罐底与浮盘之间与大气相通，防止造成浮盘下面真空。低液位油罐进油时，防止浮盘与油面形成空气夹层，所以在浮盘未浮起之前，浮盘内的空气从通气阀排出，浮盘浮起之后，通气阀自动关闭，满足浮盘运行的工艺要求。

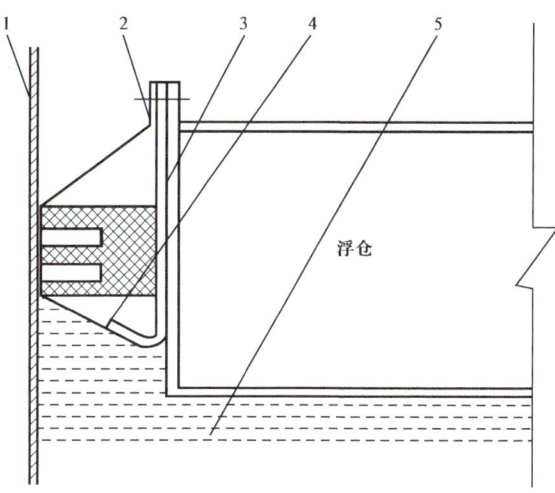

图 2.10.4　密封装置图
1—罐壁；2—弹性泡沫；3—密封胶带；4—固定板；5—油品

(a) 浮盘上观察

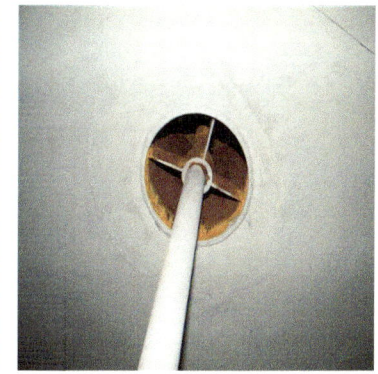
(b) 浮盘下观察

图 2.10.5　自动通气阀

2.10.2.3　浮盘呼吸阀与浮盘挡板

当进罐油品的温度较高，或搅动剧烈，油品未经稳定脱气，致使油品中的一部分轻组分气化，产生大量气体，这些气体在罐内形成气泡，在内浮顶下面积聚。浮盘机械呼吸阀安装在浮盘上，其作用是自动调节浮盘和油面间形成的狭小空间内的气体压力，避免浮盘抖动和漂移。浮盘挡板有两个作用：一是浮盘发生液泛时，浮盘挡板控制从密封缝隙中喷溅出的液沫不会流到整个浮盘上；二是万一发生火灾，可将泡沫发生器喷出的泡沫拦阻在挡板内，形成一圈泡沫带，严密封闭罐壁与浮仓之间的缝隙，隔绝空气，从而达到灭火的目的。浮盘呼吸阀与浮盘挡板如图 2.10.6 所示。

(a) 浮盘呼吸阀　　　　　　　　　(b) 浮盘挡板

图 2.10.6　浮盘呼吸阀与浮盘挡板

2.10.2.4　浮舱人孔与浮盘人孔

浮舱设有人孔，检修人员可通过浮舱人孔进入船舱进行例行检查和维护。浮盘也设有人孔，维修人员在检修时，通过浮盘人孔往返于浮盘上下，便于检修和清扫。通常情况下浮舱人孔与浮盘人孔用人孔盖予以封闭。浮舱人孔与浮盘人孔实物图如图 2.10.7 所示。

(a) 浮盘人孔　　　　　　　　　(b) 浮舱人孔

图 2.10.7　浮舱人孔与浮盘人孔实物图

2.10.2.5　静电导出装置

内浮顶油罐在进出油作业过程中，浮盘上积聚了大量静电荷，由于浮盘和罐壁间多用绝缘物作密封材料，所以浮盘上积聚的静电荷不可能通过罐壁导走。为了导走这部分静电荷，在浮盘和罐顶之间安装了静电导出线，一般为两根软铜裸绞线，上端和采光孔相连，下端压在浮盘的盖板压条上。静电释放如图 2.10.8 所示。

图 2.10.8 静电释放

2.10.3 人工检尺

（1）上罐后，站到上风处，缓慢打开量油孔盖，在固定下尺点下尺。

（2）量油尺将要触及油面时，要缓慢下尺，且不允许倾斜、摇摆量油尺。

（3）下尺后静止 10s，记下下尺深度后再上提油尺，当尺面所带油痕面升到量油口时，记录量油尺黏油刻度，继续上提量油尺，并用面纱不断擦去量油尺上的原油，直到全部提出量油尺。按规定读取读数，做好记录。

（4）每次检尺至少要连续进行两次（误差小于 1mm，对于重油，误差应小于 2mm），测量结果取两次测量的平均值。

检实高方法：对于黏度不大的油品，下尺尺寸为罐高（罐底到量油孔的尺寸），沾油尺寸即为储油罐实高。检空高方法：对于黏度大的油品，下尺到沾油即可，用罐高减去下尺尺寸，再加上沾油尺寸，算出的结果就是储油罐液位。计算公式：H_y（储油罐液位）= H（罐高）$-H_1$（下尺尺寸）$+H_2$（黏油尺寸）。

（5）油罐检尺要求进油后半小时，油面静止后才可下尺，运行罐检尺精确到厘米，静止罐盘库下尺精确到毫米。

（6）检尺完毕后，缓慢关闭量油孔盖，并将手轮锁紧，擦净量油尺。

（7）将检尺数据与显示数据比对，检查雷达液位计的显示误差。

2.10.4 操作

（1）进出油切换流程前，填写操作票，并由值班干部审核。

（2）开阀后，应听到原油过流声或进站压力降低后再关闭原流程。

（3）控制进油流速，进出油管未浸没前的进油流速应不大于 1m/s，进出油管浸没后的进油流速应不大于 3m/s，防止聚集较多的静电。

（4）运行储油罐每 8h 进行两次人工检尺，停运油罐 24h 进行一次人工检尺。

（5）油罐油温不得低于原油凝点以上 3℃。

（6）油罐伴热加热油温不得超过 50℃。

（7）除特殊情况，经上级调度同意外，进油油位不得超过规定的安全罐位。

2.10.5 维护与保养

2.10.5.1 日常维护保养

（1）油罐的梯子、罐顶及罐顶操作台等，要经常检查强度，发现破损应尽快处理，防止因强度不足而导致人身事故。

（2）检查量油口及其垫片是否保持完好，发现破损应及时更换。

（3）浮舱盖板活动灵活，舱内无渗油、无腐蚀现象，密封良好。

（4）防雷装置、防静电装置、泡沫灭火发生器等必须保证清洁、完好。

（5）在特殊天气情况下，如在雨、雪、风沙天之后，应及时进行日常维护保养。

（6）浮顶盘面不存雨雪水，无油污、无渗漏现象。

（7）浮顶中央积水坑应无油污、污泥、树叶等杂物，单向阀灵活好用。

2.10.5.2 油罐的定期检查

（1）检查各密封点、焊缝及罐体有无渗漏、油罐基础及外形有无异常变形。

（2）检查罐体纵向焊缝、横向焊缝、管道及人孔与罐体的结合焊缝、顶板和包边角钢的结合焊缝，以及下层圈板的纵焊缝、横焊缝及与底板结合的角焊缝等焊缝有无渗漏及腐蚀裂纹等。如发现裂缝（发黑色）或针眼，应及时上报修理。

（3）罐壁的凹陷、折皱、鼓泡处一经发现，应及时上报。

（4）检查罐前进出口阀门的阀体及连接部位是否完好。当发现罐体存在缺陷时，应用鲜明的油漆标明缺陷，以便及时处理。

（5）在冬季到来之前，认真做好防冻裂和防冰堵工作。排污放水管在冬季到来之前应放空积水；在冬季期间，机械呼吸阀须每周检查是否冰堵。

（6）每年雨季到来前，应检查散水强度，以及排水是否畅通。

（7）呼吸阀每月检查次数不少于 2 次，气温低于 0 时，每周至少检查 1 次呼吸阀。大风、暴雨骤冷时，应及时检查呼吸阀。

（8）每月（特别在每年 11 月至次年 2 月期间）至少清理一次呼吸阀，防止发生锈蚀和水汽冻结。

2.10.6 一般安全要求

（1）上罐检查须知如下所示：

① 严禁 5 级以上大风上罐。

②严禁5人同时上罐。
③严禁穿戴钉子鞋上罐。
④严禁雷雨、雪天上罐。
⑤严禁使用非防爆照明器具上罐。

（2）油罐区要经常保持清洁和整齐，油罐20m或挡油墙内无干草，并禁止存放可燃物。

（3）油罐区的管线必须有流程图，阀门必须有编号。

（4）油罐和附件必须保证完好。

（5）油罐区内的阀门必须保持灵活好用。

（6）油罐上的量油孔应盖好。

（7）油罐储油量必须每班进行检尺，检尺时，要在油面静止30min后再进行。

（8）油罐、油管线检修动火时，必须严格执行动火制度，并进行彻底的清洗吹扫，经测定分析可燃气体含量在爆炸极限下限时，再封住下水井，进行全面检查，并采取可靠安全的措施后，方可动火。

（9）油罐进出口阀门及排污阀门应有可靠的防寒措施，以防发生冻结。

2.10.7 故障与处理

2.10.7.1 储油罐溢罐

2.10.7.1.1 故障原因

（1）首末站未及时倒罐或操作不当；
（2）旁接式输油未及时掌握来油量的变化；
（3）液位计失灵；
（4）加热盘管泄漏，大量水进入罐内；
（5）密闭输油时，泄压阀误动作未及时发现。

2.10.7.1.2 处理方法

（1）停止进油，立即倒罐；
（2）联系中间站调整输油量；
（3）检修液位计；
（4）停止加热，关闭油罐伴热阀门；
（5）关闭泄压阀前面的控制阀门，停止泄压。

总之，发生溢罐事故，首先要查明溢罐的原因，首末站要立即切断事故油罐的进油，立即倒罐；中间站运行的旁接油罐发生溢罐，要立即请求上站降量、本站加大排量，或者倒密闭运行；密闭运行的中间站发生溢罐，如果是因为泄压阀影响整个系统的水击保护，请示改变运行方式或全线调整输量，倒压力越站并关闭泄压阀前边的控制阀门，启罐前泵，降低事故油罐的液位。

2.10.7.2 储油罐抽瘪

2.10.7.2.1 故障原因

（1）呼吸阀或安全阀冻凝或锈蚀；

（2）阻火器堵塞；

（3）呼吸阀选型不合理，流通面积过小。

2.10.7.2.2 处理方法

（1）停止油罐的收发油作业；

（2）改变运行方式，倒密闭运行；

（3）检修储罐。

2.10.7.3 油罐着火

2.10.7.3.1 故障原因

（1）油罐量油孔的内衬里脱落，检尺时与钢卷尺摩擦产生火花，引燃油蒸气；

（2）油罐呼吸阀下没有装设阻火器，或油罐封闭不严、飞火进入，引燃油蒸气；

（3）油罐作业时，使用不防爆的灯具或违章使用明火等；

（4）在罐区使用铁器撞击或穿钉子鞋上罐操作，产生火花引起燃烧；

（5）油罐静电接地装置失灵，因油品冲击，而使罐壁上集聚的静电荷在一定的条件下放电打火；

（6）油罐遭受雷击，防雷电接地线不能导除全部雷电电流，产生高温热效应着火，或雷电直接引燃油蒸气；

（7）油罐清扫后，在有残余油蒸气的情况下，检修油罐时使用明火，从而引起着火；

（8）油罐中含硫油品的沉积物在清除时发生自燃；

（9）油罐区内长有杂草，或其他易燃物着火。

2.10.7.3.2 处理方法

（1）立即报告并投用各种消防设施灭火，用水冷却罐壁，同时停止着火油罐的一切作业；

（2）油罐着火，若一时不能扑灭火焰，应倒出罐内存油，将倒油温度控制在规定范围内，与之相邻的油罐视情况可采取倒罐、冷却罐壁、筑挡火堤、各孔口用泡沫或防火物品堵塞等措施；

（3）采取一切手段，防止着火油流蔓延。

2.10.7.4 浮顶油罐沉盘故障

（1）浮盘变形，浮盘在长期频繁的运行过程中，要受到油品腐蚀、油品温度变化、气候变化、储罐基础沉降、罐体的变形、浮盘顶滑梯、浮盘附件是否完好等因素的影响，浮盘逐渐变形，以致浮盘倾斜，浮盘量油导向管卡住，导致油品从密封圈及自动呼吸阀孔跑漏到浮盘上而沉盘。

（2）油罐和浮盘施工质量差，如罐体的直径、椭圆度、垂直度、表面凹凸不合要求，以及浮盘变形与歪斜、导向柱倾斜、导向柱有间隙、油罐的一/二次密封安装不好等，也易导致沉盘事故。

（3）浮顶中央的排水系统不畅通，当遇到暴雨时，导致大量雨水不能及时排空，易发生沉盘事故。正常运行时，浮顶油罐上的浮盘能随着罐内油品液位的升降而自由浮动。当出现浮盘上重力加大，或因外力卡住浮盘而使其不能自由动作时，则会因快速收油而使浮盘淹没，最终沉底。

（4）工艺条件不佳、操作不当。

（5）检查和维护不到位，没有做到定期认真检查罐体和浮盘，浮盘顶滑梯上下端轮轴、中央排水系统、浮盘自动呼吸阀、浮盘表面、浮盘安全附件、浮舱、浮盘一/二次密封、油罐内表面防腐等存在隐患，不能及时发现和消除隐患，易引发事故。

2.11 磁力驱动泵

2.11.1 简介

磁力驱动泵是利用永磁联轴器工作原理，无接触地传递扭矩的新型泵，各油气企业目前所使用的磁力驱动泵均在密度分析橇上。

2.11.2 结构与工作原理

2.11.2.1 结构

磁力驱动泵主要由泵体、叶轮、轴承体、内磁刚总成、外磁刚总成、泵轴、轴承、定位套、隔离套等组成，如图2.11.1所示。

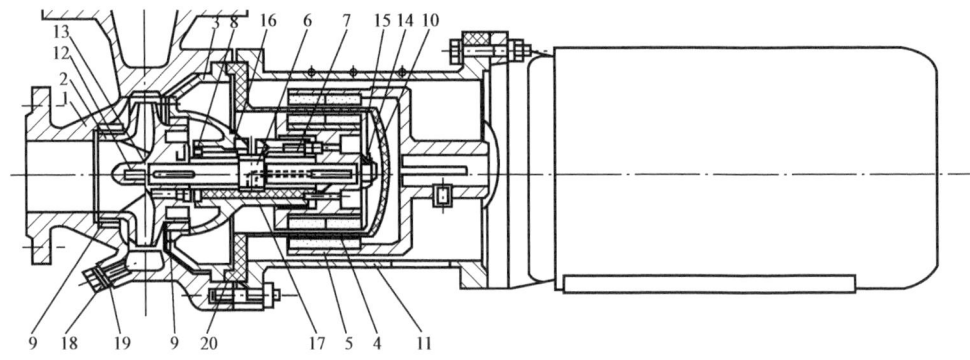

图 2.11.1 磁力驱动泵的结构示意图

1—泵体；2—叶轮；3—轴承体；4—内磁钢总成；5—外磁钢总成；6—泵轴；7—轴承；8—前后止推环；9—密封环；10—隔离套；11—连接架；12—叶轮螺母；13—止动垫圈；14—螺母；15—垫圈；16—轴套；17—定位套；18—套堵；19—垫；20—垫

2.11.2.2 工作原理

磁力驱动泵是利用永磁联轴器工作原理，无接触地传递扭矩的新型泵，当原动机带动外磁钢转子时，通过磁场的作用驱动内磁钢转子同步旋转，而内磁钢转子和叶轮连成一体，从而达到无接触带动叶轮转动的目的。由于液体被封闭在静止的隔离套内，所以磁力泵是一种全封闭、无泄漏的泵型，因此完全杜绝了填料密封、机械密封离心泵不可能避免的跑、冒、滴、漏的弊病。

2.11.3 操作与使用

2.11.3.1 启动前的准备工作

（1）清理设备周围影响设备和操作人员安全的杂物。

（2）检查密封水槽内的工艺水是否在正常工作液位，不足时应补加工艺水。

（3）为防止杂物进入泵内，泵进口处设过滤器，过滤面积大于管路截面积的3~4倍。保持过滤器清洁，各项工艺准备完毕，具备试车条件。

（4）确认设备零部件完整无缺、地脚螺栓等紧固无缺。

（5）附带仪表应灵敏，指示应准确、可靠。

（6）若有滚动轴承箱的磁力泵，润滑系统应按设备技术资料中的规定加注润滑油。

（7）密封水管道上的所有阀门要开关正确。

（8）在长期停机或泵检修后第一次开车时，拆下电动机的风扇罩并手动盘车，检查磁力泵转动是否灵活，在确认没有问题后，装好风扇罩。

（9）关闭排出阀，打开吸入阀后，打开排气阀充分排气。

（10）扬程高的泵在出口管路上应装止回阀，以防因突然停机造成水锤破坏。

（11）通知电工向现场操作盘送电。

（12）点动电机，检查泵的转向是否正确。

2.11.3.2 泵的启动

（1）磁力泵空负荷运行将导致轴承磁性体失磁，故此类泵严禁空负荷运行。

（2）开启泵前应全开吸入阀，泵内灌满液体，出口管线的排出阀拓开约1/4，泵启动后，待转速达到额定转速，即应全开排出阀。

（3）检查电流值是否超出设定值。

（4）泵启动后，检查泵的声音及振动情况。应缓慢开启出口阀，待泵达到正常运行状态后，再将出口阀调到所需开度。

（5）检查流量、扬程，其应不低于铭牌值的90%；密封罩根部的工作温度在磁转子材料的允许范围以内。

2.11.3.3 泵运行中的注意事项

（1）防止颗粒进入。

① 不允许有铁磁杂质、颗粒进入磁力传动器和轴承摩擦副。

② 输送易结晶或沉淀的介质后要及时冲洗（停泵后向泵腔内灌注清水，运转1min后再排放干净），以保障滑动轴承的使用寿命。

③ 输送含有固体颗粒的介质时，应在泵流管的入口处过滤。注意吸入端过滤器的前后压力差，压力差增加时，表示过滤器上有异物堵塞，要停止泵运行，以便清洗粗滤器。

（2）防止退磁。

① 磁力矩不可设计得过小。

② 泵应在规定温度条件下运行，严禁介质温度超标。可在磁力泵隔离套的外表面装设铂电阻温度传感器，检测环隙区域的温升，以便温度超限时报警或停机。

（3）防止干摩擦。

① 严禁空转。

②严禁介质抽空。

③在出口阀关闭的情况下，泵连续运转时间不得超过 2min，以防因磁力传动器过热而失效。

（4）排出量、排出压力应符合规定值。

（5）检查有无异常声音及振动，若发生异常声音或振动，一般情况下，说明有气蚀或轴承过度磨损。

（6）检查泵是否发生气蚀：打开泵的出口阀门，当流量达到一定量时，突然发出响声和振动，这时继续开大阀门，如果流量仍不增加，说明有气蚀。有气蚀时要进行排气操作。需要注意的是，磁力泵在气蚀状态下绝对不能运转，如果在这种状态下继续运转，则会引起轴承早期磨损。

（7）检查电动机的电流值是否超过额定电流。

（8）检查泵各部位的温度有无异常过热的状况。

（9）氮气稳压系统的压力应保持在规定的范围内。

2.11.3.4 泵的停车

（1）正常停车关闭出口阀，然后立即停止电动机，随后再关闭进口阀。禁止在出口阀门未关闭的情况下停车，以免因出口管路的液体倒流造成叶轮反转，损坏零件。

（2）紧急停车时立即停止电动机，然后再关闭出口阀和进口阀。

（3）环境温度低于液体凝固点时，要放净泵内液体，以防冻裂。

（4）长期停机不用时，除将泵内的腐蚀性液体放净外，还要用清水冲洗干净，尤其是要认真冲洗干净密封室，并切断电源。

2.11.4 维护和保养

2.11.4.1 运行中的监视和维护

泵在运行中，要加强对机组的巡视工作，及早发现异常情况，尽快作处理异常。在巡视过程中，一般要随时留意以下几个方面的情况。

（1）注意机组的响声和振动情况是否正常。

（2）观察电流表、电力表、压力表、真空表和流量计等仪表的读数是否正常。

（3）注意管路是否漏气、漏液等。

（4）平时保持机组的清洁，并注意操作安全。

2.11.4.2 运行后的保养

（1）在寒冷的季节，尤其是在室外的泵，在停车后应立即去掉泵内的液体，以防结冰。

（2）对于一般的备用泵，也应定时启动一次。

（3）泵应定时检修，检查并更换不合格的易损件，如轴承、轴套、止推环等。

（4）要定期添加轴承箱中的润滑脂。

2.11.4.3 小修

2.11.4.3.1 小修周期

泵在故障状态下运行，且排除故障的检修项目属于小修范围。小修周期为磁力驱动泵累计运行 2000h。

2.11.4.3.2 小修内容

（1）根据故障原因排除故障。
（2）检查、清理过滤器滤网及入口管线。
（3）检查轴承及油路，补充或更换润滑油。
（4）联轴器检查、找正，调整轴向间隙和更换易损件。
（5）消除在运行中发现的缺陷，检查及紧固各部件螺栓。
（6）清扫及检修所属阀门。

2.11.4.4 中修

2.11.4.4.1 中修周期

中修周期为磁力驱动泵累计运行 8000h 以上。

2.11.4.4.2 中修内容

（1）包括小修全部内容。
（2）解体检查、清洗和更换零部件。
（3）检查华东轴承、止推轴承等的磨损情况，必要时予以更换。
（4）检查清理叶轮，如有损坏，则应更换。
（5）检查内磁钢组件、泵轴及隔离罩的磨损情况，必要时予以修复或更换。
（6）更换拆卸过的所有垫片、O 形密封圈。
（7）检查外磁钢的磨损情况，必要时予以更换。
（8）检查传动轴、轴承托架及轴承等的磨损情况，检查轴承箱油封，必要时予以修复或更换。
（9）测量及调整泵体的水平度，修整机座。
（10）检查、清理及修理电动机。
（11）除锈、防腐及设备油漆。

2.11.5 故障与处理

2.11.5.1 常见故障解析

（1）磁力泵因气蚀而导致的故障：泵产生气蚀的原因主要有泵入口管阻大、输送介质气相较多、灌泵不充分、泵入口能头不够等。气蚀对泵的危害最大，发生气蚀时，泵剧烈振动，平衡被严重破坏，将导致泵轴承、转子或叶轮损坏。这是磁力泵发生故障的常见原因。

（2）无介质或输送介质流量小：使转子主轴与稳定轴承干摩擦，烧碎轴承。磁力泵是由输送介质给滑动轴承提供润滑和冷却的，在没有开入口阀或出口阀的情况下，滑动轴承因无输送介质润滑和冷却而导致高温，最终造成磁力泵损坏。

（3）隔离套损坏：磁力泵的磁力联轴器是由泵所输送的介质冷却的，如果介质中有硬质颗粒，很容易造成隔离套被划伤或划穿。如果维护方法不当，也有可能造成隔离套的损坏。

（4）泵轴折断：此故障的主要原因是泵空运转，轴承干摩而将泵轴扭断。拆开泵检查时，可看到轴承已磨损严重，预防泵轴折断的主要办法是避免泵的空运转。

（5）轴承损坏：泵断水或泵内有杂质，就会造成轴承的损坏。内外磁转子间的同轴度要求若得不到保证，也会直接影响轴承的寿命。

（6）扬程不足。造成这种故障的原因包括输送介质内有空气、叶轮损坏、转速不够、输送液体的比重过大和流量过大。

（7）流量不足。造成流量不足的主要原因包括叶轮损坏、转速不够、扬程过高和管内有杂物堵塞等。

2.11.5.2 常见故障形式及处理方法

对于磁力驱动泵，常见故障及处理方法见表2.11.1。

表2.11.1 磁力驱动泵的常见故障及处理方法

故障形式	产生原因	处理方法
泵不出料	（1）泵内有气体； （2）进口管堵塞； （3）泵反转； （4）吸程太高； （5）磁钢脱磁	（1）向泵内灌满液体； （2）疏通进口管； （3）改变电动机接线； （4）降低泵的安装位置； （5）降低电动机的启动力矩或调换磁钢
流量不足	（1）吸入管径太小； （2）叶轮流道阻塞； （3）扬程过高； （4）转速太低	（1）调换进料管； （2）清洗叶轮； （3）开大出口阀； （4）恢复定额转速
扬程过低	（1）流量过大； （2）转速太低	（1）开小出口阀； （2）恢复定额转速
噪声太大	（1）轴套和轴承磨损； （2）隔离套和磁钢碰擦； （3）泵内发生气蚀	（1）更换轴套和轴承； （2）拆除泵头重装； （3）向泵内灌满液体

2.12 自用气橇

2.12.1 简介

各油气企业的自用气橇是输气站用输送管道内的天然气为站场厨房、锅炉房、传火筒、天然气发电机等提供燃料的设施。

2.12.2 结构与原理

2.12.2.1 工作原理

自用气橇的工艺流程图如图 2.12.1 所示。

自用气橇分为一级调压和二级调压，主要利用"工作调压阀＋监控调压阀＋紧急切断阀"的模式，将天然气降压至需要的压力值。一般情况下，监控调压阀、紧急切断阀全开，由工作调压阀进行调压工作。当工作调压阀出现故障（出口压力超高），工作调压阀全开（工作调压阀、监控调压阀为事故开，紧急切断阀为事故关），由监控调压阀进行调压工作。当压力进一步升高，通过紧急切断实现紧急关闭，达到安全保护的目的。放空系统包括手动放空、安全阀自动放空两部分。排污系统主要用于排污操作。电加热器主要用于加热天然气，防止管道冻堵。

系统为一进三四出（厨房、热水间、放空火炬传火管、燃气发电机）。调压橇的主要功能是对进口天然气进行过滤、加热、调压、计量分配后向下游供气。

自用气橇的主要技术参数如下所示。

（1）最大工作压力：10MPa；

（2）工作温度范围：大于 −20～50℃；

（3）过滤精度：5μm；

（4）差压表量程：0～1000mbar；

（5）差压变量程：0～200kPa；

（6）当差压大于 30～50kPa 时，需清洁或更换滤芯；

（7）进口参数：Q=150m³/h，p_1=6.73～7.79MPa；

① 出口一：至燃气发电机，p_1=0.4MPa；

② 出口二：至生活用气，p_2=0.4MPa（一级调压）；

③ 出口三：至放空火炬传火管，p_3=0.4MPa（一级调压）；

④ 出口四：至热水间，p_4=0.4MPa（一级调压）。

（8）刚投产时要勤排污，正常运行时，建议每月排污一次。

2.12.2.2 设备结构及特点

自用气橇主要由电加热器、过滤器、工作调压阀、监控调压阀、紧急切断阀、气体

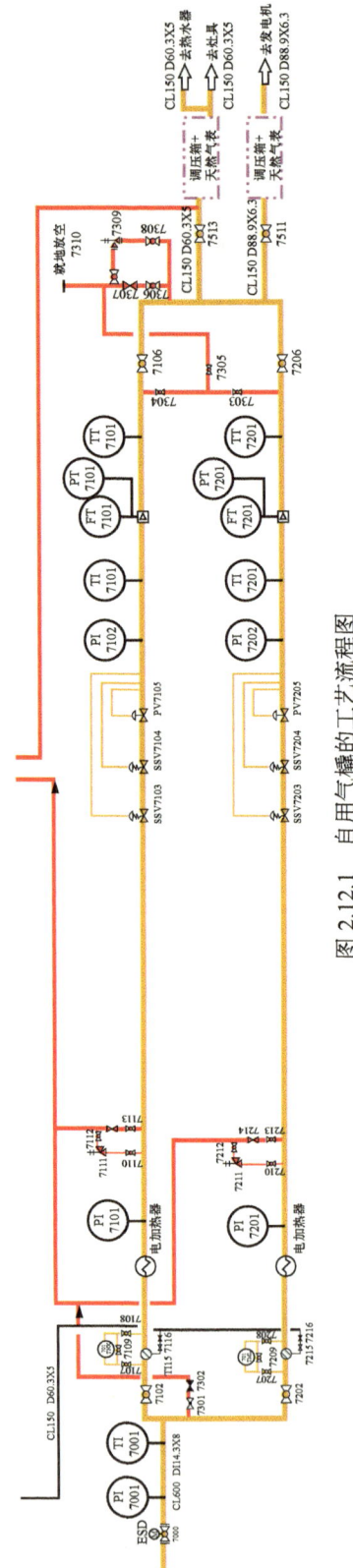

图 2.12.1 自用气橇的工艺流程图

涡轮流量计、先导式安全阀、弹簧式安全阀组成。

2.12.2.2.1　差压表（变）

自用气橇的差压表（变）设置在进口的过滤器处，其主要的作用是监测过滤器两侧压力的差值，以此判断过滤器内的杂质是否过多，是否需要对过滤器进行排污。

（1）差压表（变）的投运步骤如下所示。

① 打开五阀组的平衡阀；

② 关闭五阀组的高低压取压放空阀；

③ 打开五阀组的高低压取压阀；

④ 关闭五阀组的平衡阀。

（2）差压表（变）的停运步骤如下所示：

① 打开五阀组的平衡阀；

② 关闭五阀组的高低压取压阀；

③ 打开五阀组的高低压放空阀；

④ 打开五阀组的平衡阀、关闭五阀组的高低压放空阀。

2.12.2.2.2　加热器

加热器的主要作用是为自用气橇的天然气加热，提升天然气温度，防止在调压后产生液态水和发生冰堵。

（1）电加热器的技术参数。

① 降压 0.2MPa，温度约下降 1℃；

② 加热器功率：2kW；

③ 额定电源：220VAC，50Hz。

（2）加热条件。

① 按启动加热器按钮；

② 无 DCS3 总停信号；

③ 加热丝温度低于超温设定值，且已复位；

④ 加热器出口温度小于设定值；

⑤ 流量开关有流量信号。

控制开关如图 2.12.2 所示，控制面板如图 2.12.3 所示。

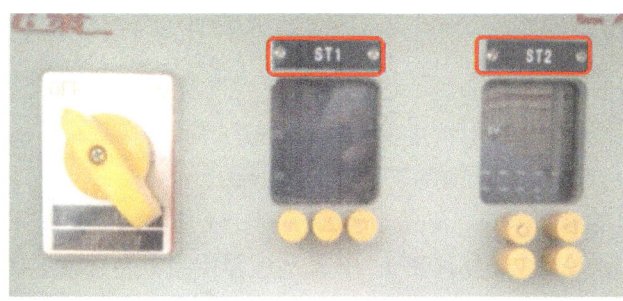

图 2.12.2　控制开关

ST1—加热温度控制器，一般设定温度 SV 为 40～60℃；ST2—加热丝温度控制器，一般设定温度 SV 小于 200℃

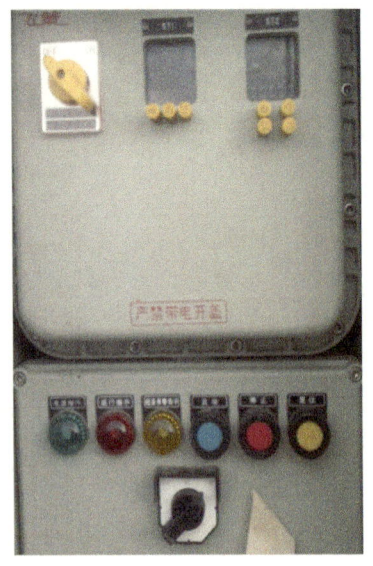

图 2.12.3　控制面板

（3）加热过程。

加热过程的控制参数：① 控制精度：±1℃；② PV 为温度测量值；③ SV 为温度设定值；

当左侧温控器 PV 值小于 SV 值时，自动开始加热；当左侧温控器 PV 值大于 SV 值时，自动停止加热。加热器运行信号传输给站控。

当右侧温控器 PV 值小于 SV 值时，正常加热；当右侧温控器 PV 值大于 SV 值时，故障灯亮，并自动停止加热，故障信号传输给站控。右侧温控器 PV 值小于 SV 值时，按下复位钮，故障灯灭，再按下启动按钮，才能继续加热。

（4）工作方式。

加热器的工作方式为手动 / 停 / 自动（现场按钮控制加热器 / 停 /DCS 控制加热器）。

① 现场按钮控制方式：将现场控制箱的手动 / 自动开关置于"手动"位置；

② 启动加热器：按下启动按钮，加热指示灯亮，并传输给 DCS 运行信号；

③ 停止加热器：按下停止按钮，加热指示灯灭。

（5）控制温度设定。

加热温度设定（SV）：按下左侧温度控制器的"△、▽"键，来增加或减少温度设定；加热器加热丝温度设定（SV）：按下右侧温度控制器的"△、▽"键，来增加或减少温度设定。

（6）故障处理。

① 当右侧温控器加热丝温度 PV 超过其设定值 SV 时，故障指示灯亮，并传输给 DCS 故障信号；

② 如果加热器的加热丝温度设定得较低，升高其设定值；

③ 当加热器的加热丝温度低于其设定值时，可在现场按复位按钮或 DCS 复位，使故障灯灭。

（7）再启动加热器。

DCS 控制加热器：

① 将现场控制箱的手动 / 自动开关置于"自动"位置；

② 启动加热器：按下 DCS 上的启动按钮，加热指示灯亮，并传输给 DCS 运行信号；

③ 停止加热器：按下 DCS 上的停止按钮，加热指示灯灭；

④ 按下 DCS 上的急停按钮，不管是远程控制，还是就地控制，都可以停止加热器；

⑤ 按下复位按钮（或现场复位钮），不管是远程控制，还是就地控制，都可以复位加热器。

2.12.2.2.3 调压支路结构

自用气橇的调压设备为切断阀1、切断阀2、调压器。双切断阀的结构特点：超压切断双保险，更可靠；适用于降压较大的调压支路。注意要缓慢地打开进口阀。

2.12.2.2.4 安全阀

（1）正常工作时，安全阀的入口球阀应打开；

（2）不同压力等级的安全阀的放空管线不能汇在一起，否则高压安全阀放空时，可能损坏低压安全阀。

2.12.2.2.5 流量计

涡街流量计输出工况流量的脉冲信号或4～20mA的电流信号；流量计算机接收涡街流量计输出的工况流量、温度、压力补偿信号，并将计算出的瞬时标况流量、标况总累加流量等参数传输给站控机。

2.12.3 自用气橇的操作

2.12.3.1 RMG503 指挥器

2.12.3.1.1 结构及工作原理

RMG503指挥器的结构与原理图如图2.12.4所示，其零部件图如图2.12.5所示。采用RMG503指挥器，无切断装置，开启动阀。

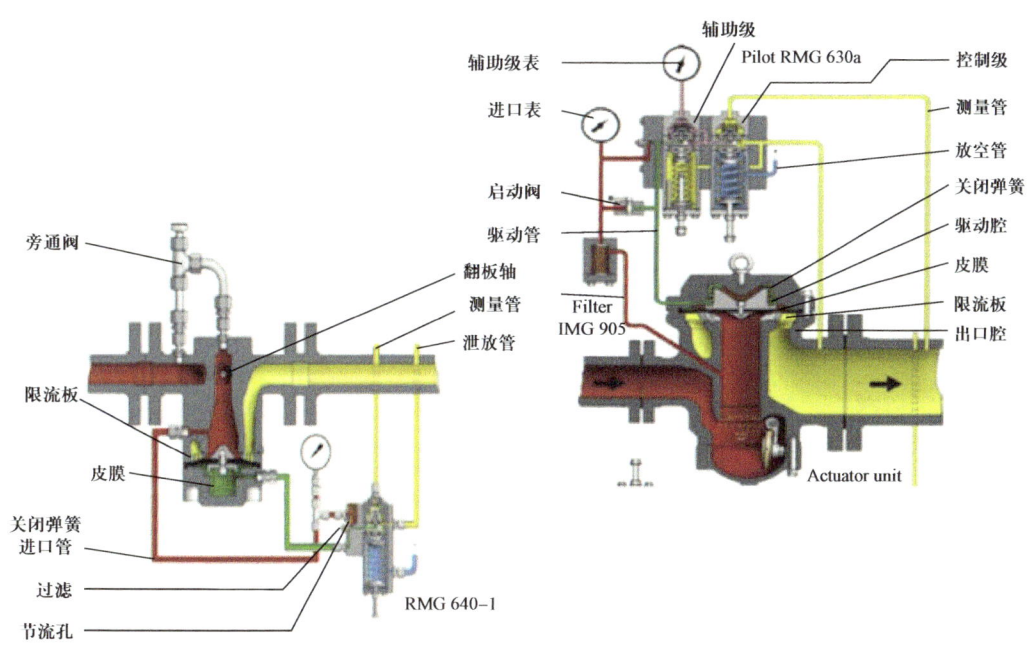

图 2.12.4 RMG503 指挥器的结构与原理图

2.12.3.1.2 指挥器的作用

指挥器具有放大作用，提高调压精度等参数，耐压高，使调压出口压力很高。为提高调压器的敏感性，在感应到下游压力变化后，改变泄放流量，使驱动压力的变化大于下游压力的变化，由驱动压力驱动皮膜组件移动，直接改变流量的大小。

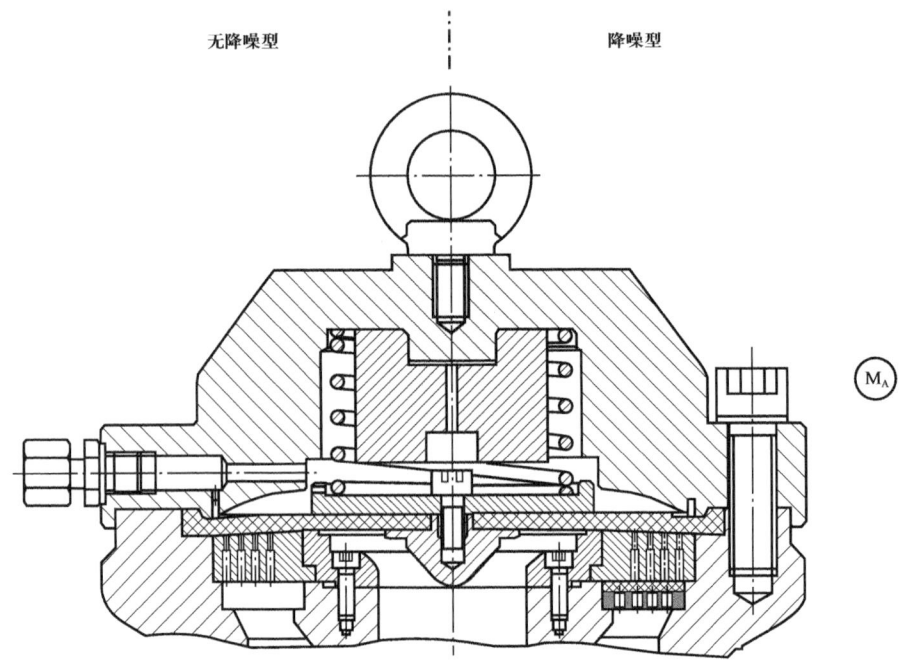

图 2.12.5　RMG503 指挥器的零部件图

2.12.3.1.3　指挥器的工作原理

（1）不管是单皮膜指挥器，还是双皮膜指挥器，关键是要比较分析弹簧力与出口压力，从而控制驱动压力的变化。

（2）当 $p_2 < p_设$ 时，双皮膜组件上移，小阀口开大，泄放量增大，驱动压力下降，主阀口开大，出口流量或压力增大。

（3）当 $p_2 > p_设$ 时，双皮膜组件下移，小阀口关小，泄放量减小，出口流量或压力下降。

（4）当 $p_2 = p_设$ 时，双皮膜组件不动，小阀口不变，泄放量不变，阀开度不变。

2.12.3.1.4　指挥器限制级的作用

（1）进口高压在限制级输出压力以上波动时，调压器的出口压力不变。

（2）限制级有两种结构形式：固定压力限制级和自动压力限制级。

① 固定压力限制级：它的输出压力比调压器的出口压力固定高 5~10bar；

② 自动压力限制级：它的输出压力跟随调压器的出口压力变化，并且高 2~3bar。

（3）限制级的两种结构有以下区别。

① 对于固定压力限制级，调整螺钉外部有螺纹。调整螺钉的位移直接移动弹簧；

② 对于自动压力限制级，调整螺钉外部无螺纹。通过调整螺钉转动带动弹簧压板位移来移动弹簧，弹簧室是密封的。

2.12.3.1.5 阻尼阀的作用

当调压器的出口压力变化太快或喘时,逆时针调松阻尼阀;当调压器的出口压力变化太慢或关闭压力高时,顺时针调紧阻尼阀。

2.12.3.2 RMG711 切断阀

2.12.3.2.1 用途

为了保护下游管网系统的安全,防止由于突发事件或上游设备故障造成系统压力过高。

紧急切断阀通常安装在调压器的上游,下游的压力通过导压管引入切断阀或指挥器皮膜的下方。在正常情况下,阀口在强力弹簧和机械装置的固定下,保持全开状态,当下游压力增加到设定值以上时,皮膜上升到预设极限,皮膜弹簧释放机械杆,即杠杆机械装置,阀就紧紧地压在阀座上,从而关闭。只能通过手动方式,才能使阀重新打开(一般需要内部压力平衡后,才可以还原)。RMG711 断切阀的结构图如图 2.12.6 所示,其零部件图如图 2.12.7 所示。

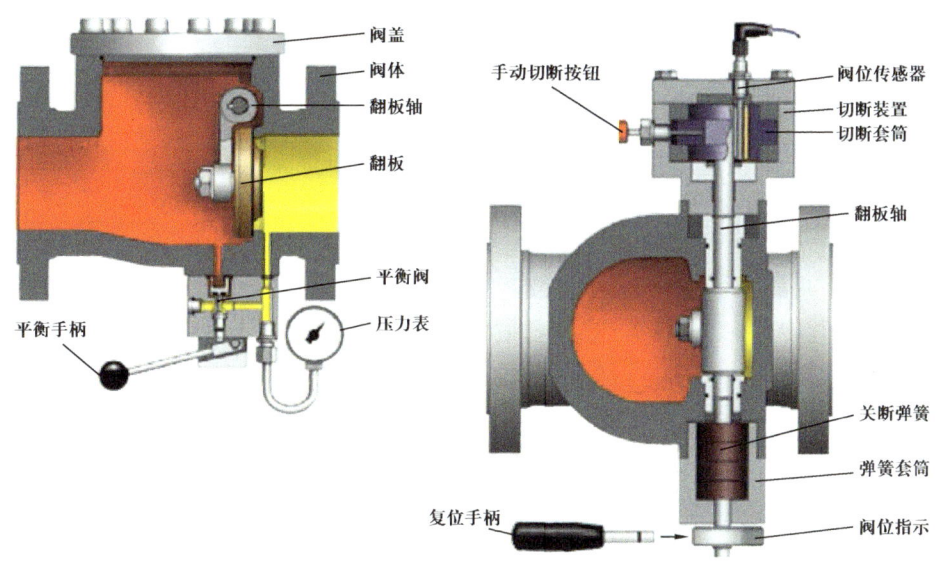

图 2.12.6 RMG711 切断阀的结构图

2.12.3.2.2 工作原理

当调压器的出口压力大于切断设定值时,双皮膜组件(阀口垫)远离阀口,气体进入双皮膜中腔(在指挥器旁听到排气声),活塞右移,推杆伸出,转动切断套筒,弹簧使开关销脱离卡位(仅 DN200 以上,弹簧使推杆下移,翻板脱落挂钩),卷簧使阀门翻板轴转动,关闭阀门。

当调压器的出口压力小于切断设定值时,皮膜组件(阀口垫)贴上阀口,无气体进入双皮膜中腔,阀门保持原位。超压切断时,应注意指挥器排出的天然气是否正常,以及指挥器的节流孔位置和作用。

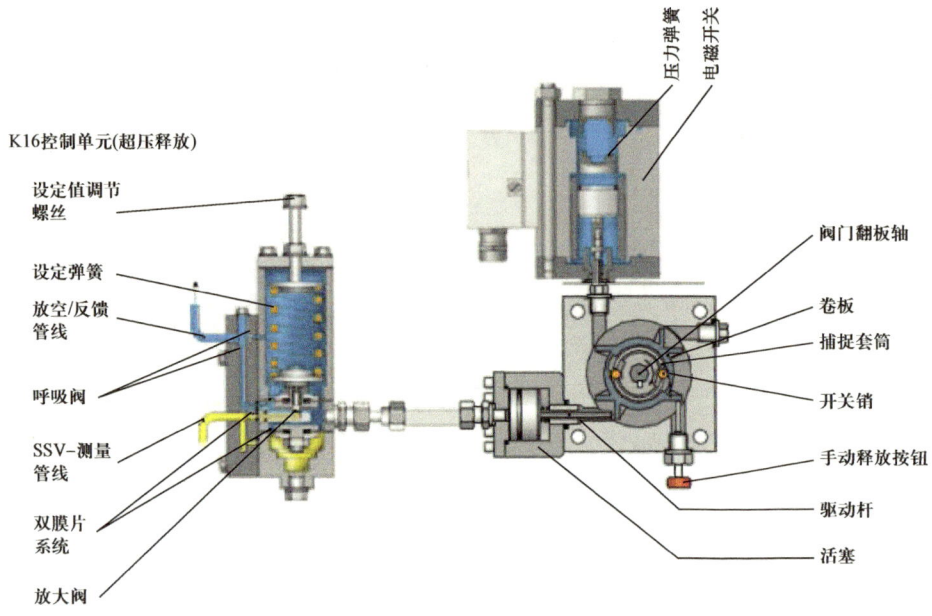

图 2.12.7　RMG711 切断阀的零部件图

2.12.4　操作与使用

2.12.4.1　启用前的准备

（1）检查各处阀门是否处于关闭状态。

（2）检查进口压力是否正常。

（3）检查压力表量程是否符合要求。

2.12.4.2　自用气橇的压力设定

（1）工作调压阀的工作调压值设定。

① 关闭调压装置的上下游管线阀门及管路内的所有压力表阀，旋开监控调压阀、工作调压阀的指挥器上的盖帽，打开防爆控制箱的电伴热、电加热器。

② 安全切断阀处在开位时（即切断阀阀体上的指示为绿色时），顺时针缓慢旋紧（到底）螺母。将监控调压阀上的螺母顺时针缓慢旋紧（到底）。将工作调压阀上的螺母逆时针缓慢旋松（到底）。

（2）安全切断阀的安全切断阈值设定。

① 缓慢打开自用气调压装置的上游管线球阀，气体无流动声音后（充满管路），缓慢打开所有压力表阀，之后，顺时针缓慢旋紧工作调压阀的调节螺栓，观察出口压力表，其读数比自用气调压装置的出口设定值压力（即出口压力需求值）高出 2~4bar（0.2~0.4MPa）即可。

② 逆时针缓慢旋松工作调压阀的调节螺栓，直至听见"啪"的一声，安全切断阀切

断（即切断阀阀体上的指示为红色时），安全切断阀的切断值初设完毕。

③ 将安全切断阀前和工作调压阀后的压力通过放空管线泄放，即将阀前后压力平衡（无气流声）。用扳手将安全切断阀的侧面复位销逆时针旋转至感觉到挂钩复位，关闭放空阀门。

④ 验证切断值设定。将工作调压阀上的螺母逆时针缓慢旋松四至五圈，缓慢打开自用气调压装置的上游管线球阀，逆时针缓慢旋松工作调压阀的调节螺栓，观察下游压力表的读数至安全切断阀切断值，安全切断阀切断（即切断阀阀体上的指示为红色时），至此，安全切断阀的切断阈值验证及设定完毕，复位切断阀。

（3）监控调压阀的监控调压值设定。

① 逆时针缓慢旋松（到底）监控调压阀的调节螺栓，缓慢打开自用气调压装置的上游管线球阀，将监控调压阀上的螺母顺时针缓慢旋紧，观察下游压力表的读数，其读数比自用气调压装置的出口设定值压力（即出口压力需求值）高出 2bar（0.2MPa）即可。

② 打开低压放空阀，观察下游压力表的读数，其能稳定在设定值即可。

③ 缓慢关闭低压放空阀，监控调压阀后的压力表读数，压力不上升，监控调压阀的监控调压值设定完毕。

（4）工作调压阀的工作调压值设定。

逆时针缓慢旋松（到底）工作调压阀的调节螺栓，缓慢打开自用气调压装置的下游管线球阀（或者放空），将工作调压阀上的螺母逆时针缓慢旋紧，观察下游压力表的读数，读数为自用气调压装置的出口设定值（即出口压力需求值）。

最后恢复拧紧工作调压阀、监控调压阀上的锁母和盖帽，全部调试工作完成。

（5）调压箱调压器切断值及出口压力的设定。

① 安全切断阀的监控调压值设定。

a. 关闭调压装置的上下游阀门及管路内的压力表阀，旋开切断阀设定螺母、切断阀复位销和调压器出口压力设定螺母上的盖帽，打开防爆控制箱的电伴热。

b. 将切断阀设定螺母旋紧、调压器出口压力设定螺母旋松，将切断阀复位销向上提起并挂住。

c. 缓慢打开调压器入口阀和出口阀，慢慢顺时针旋紧调压器出口压力设定螺母，观察出口压力表读数比设定压力高出 2kPa。

d. 慢慢逆时针旋松切断阀设定螺母，至切断阀复位销落下，切断值初设完毕。

e. 关闭调压器入口阀和出口阀，将调压器上的小放空阀打开，泄压；向上提起切断阀复位销，关闭小放空阀。

f. 验证切断值设定。将调压器出口压力设定螺母逆时针旋松四至五圈，缓慢打开自用气调压装置的上游管线球阀，顺时针缓慢旋紧调压器出口压力设定螺母，观察下游压力表至设定切断值，切断阀复位销落下，至此，切断阈值验证及设定完毕，复位切断阀。

② 出口调压阀的调压值设定。

逆时针缓慢旋松（到底）调压器出口压力设定螺母，缓慢打开调压器的入口阀和出口球阀，将调压器出口压力设定螺母顺时针缓慢旋紧，观察下游压力表读数，读数为自用气调压装置的出口设定值（即出口压力需求值）。最后恢复拧紧切断阀设定螺母、切断阀复位销和调压器出口压力设定螺母上的盖帽，全部调试工作完成。

2.12.5 维护与保养

（1）调压阀RMG503投产的保养周期为3～6个月，根据气质和实际运行情况，可做适当调整。

（2）安全切断阀在每次保养调压阀后，在重新启动前，检查其工作点的情况。如果切断点正常、不泄漏，则不必拆开进行保养。

（3）RMG503调压阀的保养：日常保养主要是指对指挥器的维修和检查，主要是检查密封件、膜片、活塞的情况，如发现活塞密封垫有压痕，膜片有较重的压痕，则需更换新的零件或膜片。在正常工作状态下，3个月到半年期间，需对调压阀进行维护保养。如天然气含杂质及水分较多，则需根据实际情况缩短调压阀的保养周期。

（4）RMG503的主阀体一般不需要日常保养，只有当阀芯磨损导致关闭不严时，可打开主阀体，更换阀芯。主阀体的控制元件是橡胶膜片，根据气质情况，3～6个月可拆开主阀上的4个螺栓，取出橡胶膜片进行检查，如果磨损严重或压痕明显，则需更换新的膜片。如果在正常运行中，天然气内含有杂质，将会损坏阀芯，导致阀门关闭不严，下游没有用气时，出口压力持续升高导致切断阀切断，此时则需拆开主阀体检查膜片的情况，将杂物清理出来。如膜片已损坏，则需更换新的膜片。

（5）安全切断阀RMG711：指挥器正常运行3～6个月左右，可拆开检查，如活塞密封垫有压痕，须更换。在正常运行中，如果发现活塞处漏气，须立即更换活塞。RMG711的主阀盖如发现有漏气现象（在关闭状态下，仍有天然气泄漏到下游），则需更换密封圈。

（6）安全放空阀的维护保养：在正常运行压力下，只要不放空，则不需对安全放空阀进行保养。每次维修安全放空阀后，可检测其放散点情况以及放散后是否能够严密关闭，如果关闭严密，则不需进行保养；如果关闭不严，则更换阀盖及密封垫。

（7）过滤器的维护：对过滤器上的压差计进行读数记录，如果压差计的黑色指针与设定位置上的红色指针重合，或红色指针已被带动至超过设定位置，说明滤芯堵塞严重，应及时更换滤芯，定期给过滤器排污，打开过滤器底部的球阀，放出过滤器中的污水，直至放出燃气为止，关闭球阀。

（8）供气通道的检查维护。

根据各调压路的紧急切断阀控制头上手柄的位置，结合压力表读数，判定各调压路是否在供气。

一调压路的紧急切断阀切断时，都应先将该路的进、出口截断阀关闭，然后通过泄放阀排尽该调压路中的气体,才能对调压器进行在线维修。此时,应将备用调压路的调压器和切断阀的设定压力调整为上述待维修的调压路的设定值。待该调压路维修好后,再将备用调压路的调压器和切断阀的设定压力设定为原有值。

若所有调压路上的紧急切断阀都已关闭,说明调压站已停止供气。若有任何一路紧急切断阀关闭,应申请对调压橇进行检修。

(9)各组件的维修。

① 若维修主调压路的零、部、组件,则首先切换至副(备用)调压路上的零、部、组件。

② 利用泄放阀放出该管路内的气体。

③ 关闭该路上的压力表前的截断阀。

④ 将调压器从管路上拆下,分解调压器前,应先拆掉引压管。

⑤ 过滤器的维修内容主要是更换滤芯,且过滤器应按国家质量技术监督局颁发的《固定式压力容器安全技术监察规程》的相关规定进行定期检验,并按检验结果对其进行处理与修理。

⑥ 球阀、针阀及仪表若有损坏,应予以更换。

⑦ 若球阀需维修,需关闭其前后管路上的开关阀,打开管路上的排放通路中的燃气放空。关闭球阀,将其从管道中拆下。之后,按照相关维护手册对球阀进行维修。

⑧ 拆卸安全放散阀前,应首先关闭其前面的阀门,并拆除排气。

2.12.6 故障与处理

对于自用气橇,常见故障及处理方法见表2.12.1。

表2.12.1 自用气橇的常见故障及处理方法

序号	故障	原因	处理方法
1	调压橇不能为下游供气	切断阀切断	将切断装置复位(注意:在复位操作时,必须关闭调压橇的进、出口阀门)
		杂质将过滤器滤网堵住	清洗或更换滤芯
		腰轮流量计被杂质卡住	联系厂家进行维修流量计
2	阀门、法兰泄漏	螺栓未拧紧	拧紧螺栓
		法兰垫片破损	更换垫片
3	调压阀所在管段瞬时流量突降	(1)轴套破裂; (2)指挥器隔离膜破损; (3)指挥器引压管线堵塞; (4)挥器弹簧损坏	(1)检查轴套是否破裂,若破裂,则更换轴套; (2)检查指挥器隔离膜是否破损,若破损,则更换隔离膜; (3)检查指挥器引压管线是否堵塞,若堵塞,则吹扫管线; (4)检查指挥器弹簧是否损坏,若损坏,则更换弹簧

续表

序号	故障	原因	处理方法
4	调压阀所在管段瞬时流量突增	（1）上游整流栅栏密合器进气口堵塞； （2）指挥器弹簧失灵； （3）整流栅栏密合器的密封面出现外漏	（1）检查上游整流栅栏密合器的进气口是否堵塞，若堵塞，则吹扫上游整流栅栏密合器进气口； （2）检查指挥器弹簧是否失灵，若失灵，则更换弹簧； （3）检查整流栅栏密合器密封面是否受损，若受损，则对密封面进行修补或更换
5	调压阀连接处出现外漏	调压阀的密封垫损坏或老化	检查调压阀的密封垫是否损坏或老化，若是，则更换密封垫

2.13 天然气卧式过滤器

2.13.1 简介

各油气企业的卧式过滤器主要用于净化天然气站场的天然气，过滤天然气中的液体、固体杂质，从而提升气质，减少管道腐蚀、设备损坏等问题，目前主要应用在天然气管输站场。

2.13.2 结构与原理

2.13.2.1 结构

天然气卧式过滤器主要由滤芯、壳体、快开盲板，以及内外部件组成，如图 2.13.1 所示。天然气卧式过滤器的结构如图 2.13.2 所示。

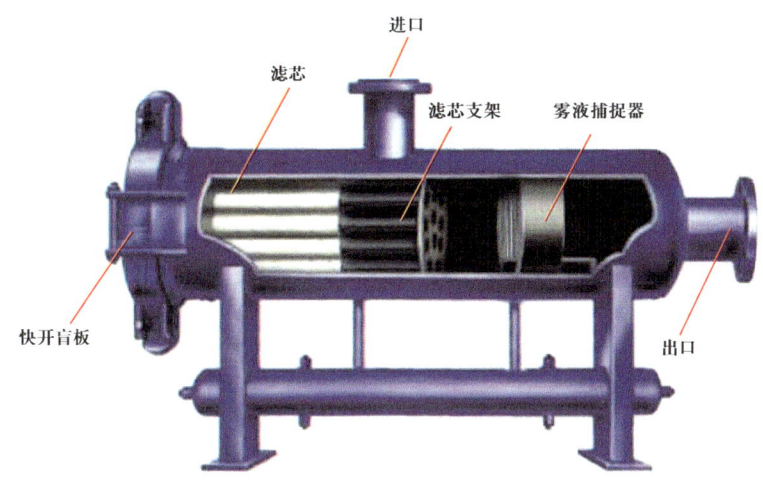

图 2.13.1　天然气卧式过滤器的示意图

2.13.2.2 工作原理

天然气首先进入进料布气腔部分，气体首先撞击在支撑滤芯的支撑管上（避免气流直接冲击滤芯，造成滤芯的提前损坏），较大的固液颗粒被初步分离，并在重力作用下沉降到容器底部（定期从排污口排出）。接着气体从外向里通过过滤聚结滤芯，固体颗粒被过滤介质截留，液体颗粒则因过滤介质聚结功能而在滤芯的内表面逐渐聚结长大。当液滴到达一定尺寸时，会因气流的冲击作用从内表面脱落出来，从而进入滤芯内部流道，而后进入汇流出料腔。在汇流出料腔内，较大的液珠依靠重力沉降分离出来，此外，在汇流出料腔还设有分离元件，它能有效地捕集液滴，以防止出口液滴被夹带，进一步提高分离效果。最后，洁净的气体流出过滤分离器。随着燃气通过量的增加，沉积在滤芯上的颗粒会引起燃气过滤器压差的增加，当压差上升到规定值 0.1MPa 时（从压差计读出），说明滤芯已被严重堵塞，应该及时更换滤芯。

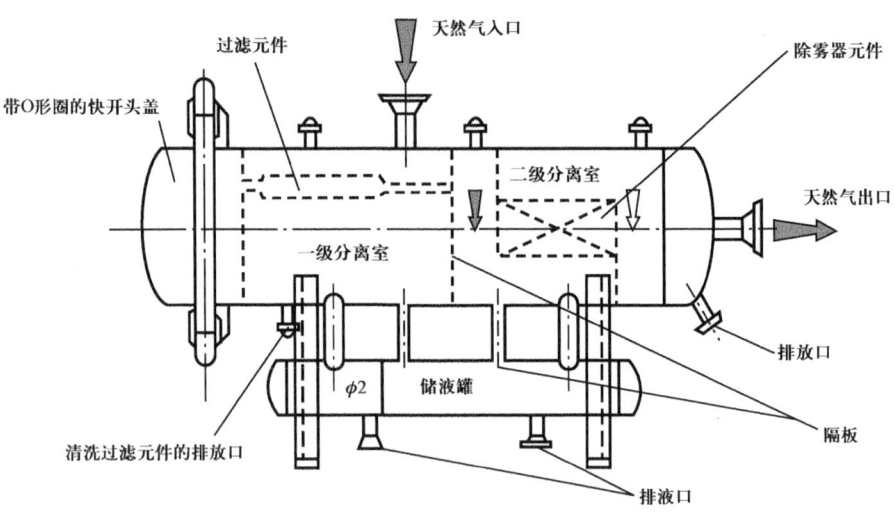

图 2.13.2　天然气卧式过滤器的结构

2.13.3　操作

2.13.3.1　启用分离器

（1）分离器在使用之前，应做一次全面的检查，确保分离器处于完好的状态。

（2）确认过滤器放空、排污阀门处于关闭状态，打开压力表的仪表阀。

（3）打开分离器的上游阀门对分离器进行充压，阀门两端有平衡阀时，应首先使用平衡阀缓慢向分离器充压，使分离器内的压力稳定后，再全开进口阀门。

（4）对于过滤分离器，待分离器内的压力稳定后，打开过滤分离器上的差压表（注意：先开差压表的平衡阀，再开平衡阀的左右阀门，以免损坏差压表）。

（5）如果分离器在投用之前，里面的介质为空气，此时应进行氮气置换作业。

2.13.3.2　切断过滤分离器

（1）当有特殊情况出现，需关闭过滤分离器时（紧急情况或清洗、更换滤芯时），启用切断程序。

（2）开启备用管线或旁通阀门，保证正常供气。

（3）逐渐关闭过滤分离器的上游截断阀，减少气流量，直至完全关闭。

（4）关闭过滤分离器的下游截断阀。

（5）对过滤器进行放空作业。

（6）对过滤器进行排污作业。

2.13.3.3 分离器排污

2.13.3.3.1 排污前的准备

（1）先向调控中心申请进行排污作业，得到批准后，方可实施排污作业。

（2）检查排污管地面管段的牢固情况。

（3）准备安全警示牌、可燃气体检测仪隔离警示带等。

（4）检查排污区及放空区的周围情况，杜绝一切火种火源。

（5）在排污区及放空区周围 50m 内设置隔离警示带和安全警示牌，禁止一切闲杂人员入内。

（6）检查、测量排污罐的液位高度。

（7）准备相关的工具。

2.13.3.3.2 分离器的在线排污

（1）缓慢开启靠近分离器的排污球阀，然后缓慢开启阀套式排污阀。

（2）操作阀套式排污阀进行带压排污时，随时查看液位计的显示情况，同时仔细听阀内流体的声音，判断排放的是液体还是气体，当液位计显示排污完成，或听到气流声，立即关闭排污阀。

（3）待排污罐液面稳定后，记录排污罐的液面深度。

（4）排污完成后，再次检查各阀门状态是否正确。

（5）整理工具并收拾现场。

（6）向调度汇报排污操作的具体情况。

2.13.3.3.3 分离器的离线排污

（1）关闭分离器的上下游球阀。

（2）缓慢开启分离器的放空阀，当分离器内压力约为 1MPa 时，关闭放空阀。

（3）全开排污管上的手动球阀，然后再缓慢地开启阀套式排污阀。

（4）进行排污操作时，应仔细听排污管内流体的声音，判断管内的流体是液体还是气体，一旦听到气流声时，立即关闭排污阀。

（5）待排污罐液面稳定后，记录排污罐的液面高度，最后按规定对液面高度做好记录。

（6）恢复分离器的工艺流程。

（7）排污完成后，检查各阀门状态是否正常。

（8）整理工具并收拾现场。

（9）向调控中心汇报排污操作的具体时间和排污结果。

2.13.3.3.4 排污时的注意事项

（1）开启阀套式排污阀时应缓慢平稳，阀的开度要适中。

（2）关闭分离器阀套式排污阀时应快速，避免天然气冲击排污罐。

（3）排污区、排污罐附近必须熄灭一切火种。

（4）做好排污记录，以便分析输气管内的天然气气质和确定排污周期。

（5）排污时，要提前导通排污罐放空管线。

2.13.3.4 更换过滤器滤芯

2.13.3.4.1 准备工作

（1）清洗维护前上报作业计划，批准后方可实施清洗维护操作。

（2）开展作业安全分析、人员安全培训，准备安全警示牌、可燃气体检测仪、隔离警示带等。

（3）检查分离器和排污罐区的周围情况，杜绝一切火种火源。

（4）检查、核实排污罐的液面高度。

（5）准备相关工具。

2.13.3.4.2 更换操作

（1）关闭过滤器的进出口球阀及差压表（差压变送器）。

（2）打开分离器放空阀，将压力下降到1MPa左右，按排污程序将分离器内的污物排净，然后放净过滤分离器内的压力，直至压力表读数为零。

（3）拆卸过滤器的进口端压力表，安装注氮管，向管内注入氮气，置换天然气。在过滤器的出口端压力表排污口用XP-3110测试置换情况，当测试显示可燃气浓度在2%以下时，置换完成。

（4）拧松过滤分离器顶盖螺母，查看是否漏气，如果不漏气，则打开过滤器顶盖，除掉壳体O形圈。

（5）抓住滤芯扭转，从管板上拔除滤芯，清除滤芯上的脏物，用清洁的布擦净壳体内表面污物，检查滤壳中的各部件，特别是壳体O形圈和滤芯O形圈，查看是否有损坏、或过度磨损、腐蚀的现象，若有，更换已破坏或磨损的部件。如果滤芯表层覆盖的杂质较多，则更换新滤芯。

（6）装好滤芯及其他组件，特别要注意检查过滤器滤芯的密封圈是否与滤芯密封面紧贴，保证滤芯的内端密封可靠。

（7）仔细检查过滤器的内部组件，确保组件齐全、安装正确。

（8）关闭快开盲板。

（9）打开过滤器上游阀门对过滤器进行充压，并检查是否漏气，如果漏气，则进行紧固。

（10）关闭过滤式分离器上游阀门及排污阀，并将其作为备用过滤器，或恢复分离器生产工艺流程。

（11）整理工具、收拾现场。

（12）向调控中心汇报清洗维护操作的具体时间和清洗维护情况。

2.13.3.4.3 注意事项

（1）打开快开盲板进行FeS粉和泥沙的清理时，应采用湿式作业，防止FeS粉自燃；注水量为容器容积的10%。同时操作人员要采用必要的防护措施，现场要有人员监护作业。

（2）做好清洗维护的记录，以便确定清洗维护的周期。

（3）过滤式分离器正常投产后，根据过滤器运行状态确定滤芯更换作业时间。

（4）如果为投产初期，根据具体情况打开过滤式分离器清扫污物或更换滤芯。现场应准备充足的备品备件，以便随时更换。

2.13.4 维护与保养

（1）在分离器的进出口压差达到 0.1MPa 时，应更换分离器或清洗滤芯，以使分离器保持较高的运行效率。

（2）仔细检查分离器的外部组件有无漏气现象。

（3）定期检查分离器表面有无掉漆、锈蚀现象，保持表面清洁且无污物。

（4）定期对分离器支路进行切断使用，同时对分离器前后腔加强排污，利于过滤分离器更好地运行。

（5）每开关一次快开盲板，检查盲板密封面，清理密封槽、涂硅油脂，必要时更换密封圈。

（6）选定有资质的压力容器检定单位对过滤分离器每隔一年做一次外检，每隔三年做一次内外检。

（7）对过滤分离器的大小头关键部位定期一年做一次壁厚检测。

2.13.5 故障与处理

（1）法兰或连接处泄漏。

在运行或升压过程中，使用皂液法检查是否存在泄漏，发现泄漏时，必须立即切换流程，停运事故分离器，然后进行放空排污操作，压力降为零后方可进行维修操作。

（2）分离器前后压差增大或流量减小。

在运行过程中，由于天然气杂质增多或固体颗粒较多，引起分离器的前后压差增大，当分离器前后压差超过 0.1MPa 时，表明分离器内部出现堵塞，应及时停运并进行检修。

2.14 阻 火 器

2.14.1 简介

石油储罐阻火器是阻止易燃液体蒸气火焰蔓延的消防安全装置。它由能够通过气体的许多细小、均匀或不均匀的通道或孔隙的固体材质组成，对于这些通道或孔隙，要求它们尽量小，小到能够通过火焰。这样，火焰进入阻火器后，就因分成许多细小的火焰流而被熄灭，以阻止火花进入罐内造成火灾。

油罐阻火器的种类和型号有很多，常用的有金属网型和波纹结构型阻火器。因为金属网型阻火器本身的结构强度低，且耐腐蚀性能差，近年来，其多被波纹结构型阻火器所取代。

波纹型阻火器最突出的特点是壳体内的阻火层是由不锈钢带或铜镍合金材料压制成波纹状，波纹的大小由气体的性质和阻止火焰速度决定。常用的波纹板的厚度为0.1~0.3mm，波纹的高度一般为0.2mm、0.3mm、0.5mm、0.7mm和1.2mm等，根据不同的需要，而设计出不同直径大小、不同厚度和不同孔隙的波纹阻火层，再由多层阻火层组成一个整体，层与层之间不允许留有空隙，以免火焰通过层间间隙而影响到阻火器的阻火性能。一些生产厂家综合了油罐特点和储罐阻火的要求，生产出了不同规格、专供石油化工产品储罐使用的波纹结构型阻火器，以供用户选用。在选用这种阻火器时，要注意它的适用条件和技术性能必须满足《石油储罐阻火器》（GB 5908—2005）的有关规定。

（1）阻火器应适用于储存闪点低于60℃的石油化工产品，诸如汽油、煤油、轻柴油、原油，以及苯、甲苯等的储罐；

（2）油罐阻火器能阻止速度45m/s的火焰通过；

（3）阻火器承受0.9MPa的水压试验，无泄漏、无永久变形；

（4）阻火器的阻爆性能应连续阻爆13次，每次均能阻火，只有这样的阻爆性能，才能保证储罐的万无一失；

（5）油罐阻火器应经受1h的耐烧试验，确认其耐烧性能合格。波纹结构型阻火器的结构简单，安装维护方便，可与呼吸阀配套使用，它可单独使用，因而在石油储罐、油气回收系统和输气管网得到广泛的应用。

2.14.2 结构和原理

2.14.2.1 金属网型阻火器的结构

金属网型阻火器主要由阻火器壳体、金属网层（阻火层）两部分组成。金属网型阻火器的结构如图2.14.1所示，金属网层（阻火层）芯的结构如图2.14.2所示。

阻火层由单层或多层不锈钢丝网重叠制作而成，阻火效果随金属网层的增加而增加，但当金属网层数增加到一定值后,阻火效果不再显著增强。金属网层数及阻火性能与金属网孔大小有关。一般来说,网孔较小的金属网要求层数相对较少,但金属网孔眼过小时,会因流体阻力增大而造成堵塞。目前,国内常用阻火层金属网的网孔为16~22目,国外则多采用网孔为30目和40目的阻火层金属网。

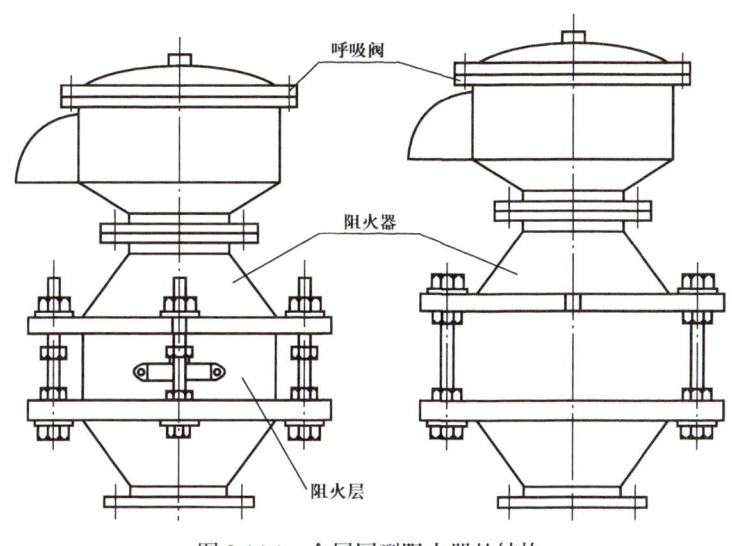

图 2.14.1　金属网型阻火器的结构

2.14.2.2　波纹型阻火器的结构

波纹型阻火器主要由阻火器壳体、阻火层两部分组成。阻火器壳体结构如图2.14.3所示,阻火层芯件结构如图2.14.4所示。

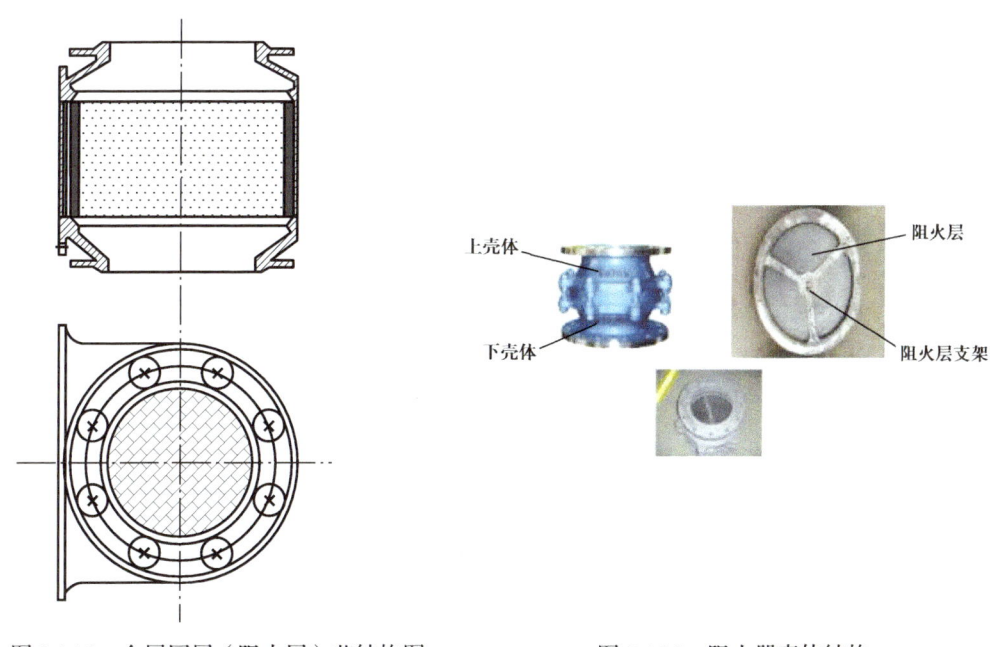

图 2.14.2　金属网层(阻火层)芯结构图　　图 2.14.3　阻火器壳体结构

如图 2.14.4 所示，波纹型阻火层芯件核心由两层超薄的不锈钢带制成：一层钢带被压成波型；另一层为平面钢带将两种钢带组成间隔，围绕其与圆心轴缠绕而成，由无数个断面为三角形的直通流道组成。在芯件内部有一个支架，用来增强芯件的结合强度，避免芯件在阻燃过程中被介质产生的爆炸压力冲散。

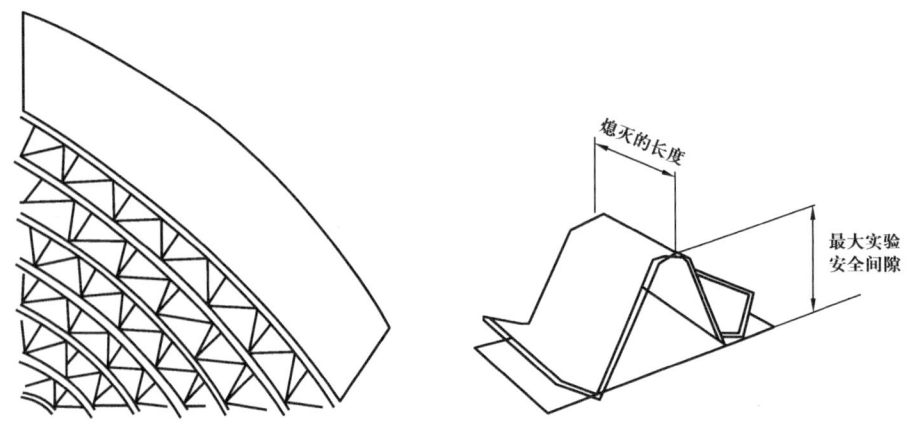

图 2.14.4　阻火层芯件结构

2.14.3　维修与保养

（1）为了确保阻火器的性能达到使用目的，在安装阻火器前，必须认真阅读厂家提供的说明书，并仔细核对标牌与所装管线要求是否一致。

（2）阻火器上的流向标记必须与介质流向一致。

（3）阻火器每隔半年应检查一次。检查阻火层是否有堵塞、变形或腐蚀等缺陷。

（4）应清洗干净被堵塞的阻火层，保证每个孔眼畅通，对于变形或腐蚀的阻火层，应予以更换。

（5）清洗阻火器芯件时，应采用高压蒸汽、非腐蚀性溶剂或压缩空气吹扫，不得采用锋利的硬件刷洗。

（6）重新安装阻火层时，应更新垫片，并确认密封面已清洁和无损伤，不得存在漏气。

2.14.4　故障与处理

对于阻火器，常见故障与处理方法见表 2.14.1。

表 2.14.1　阻火器的常见故障与处理方法

故障	原因	处理办法
阻火器堵塞	阻芯片结冰	对于严寒潮湿地区，应采取防结霜措施
	因尘土黏附面堵塞阻火器	清理阻芯片上的污物、尘土

续表

故障	原因	处理办法
外壳破裂	外壳冻裂	对于严寒潮湿地区，应采取防结霜措施
	人为损坏	人员按操作规程操作，外壳破裂时，应更换阻火器
垫片不严密	垫片老化	更换垫片
	密封面不平整	研磨密封面

2.15 消 气 器

2.15.1 结构与原理

2.15.1.1 消气器的作用和结构

消气器主要用于分离和排出被测液体中的气体，其由壳体、浮球阀、中间筒等几个主要部分组成。壳体要承受被计量液体的工作压力，形成满足消气器要求的空间。中间筒为油气分离创造了有利条件。浮球阀由浮球、浮球连杆、阀杆、阀芯和阀座组成，阀芯和阀座组成大阀，阀杆和阀芯组成小阀，其作用主要是利用杠杆原理排出气体。

2.15.1.2 消气器的工作原理

当液体流进消气器时，首先冲击中间筒下面的斜坡，使液流分散，再沿中间筒和壳体之间的环形空间上升，到中间筒上部改变流动方向，液体从中间筒内流出消气器。浮球随着液气界面上下运动时，可控制大阀和小阀的开关，这是根据液气密度相差很大，浮球在液体中承受的浮力大于浮球的重量时能浮起，在气体中浮球的重量大于气体的浮力时要下沉的原理来实现的。

2.15.2 操作与使用

2.15.2.1 消气器的投运

（1）检查液体流量、压力是否符合消气器铭牌上的规定；
（2）关闭消气器的排气阀和排污阀；
（3）缓慢打开消气器管线上游的阀门，使液体充满消气器；
（4）密切观察消气器盲板是否有泄漏，如有泄漏，须立即处理泄漏问题；
（5）确认盲板无泄漏，则缓慢开启管线下游的阀门，开度为1/3即可，开度不要过大，以免流量超限；
（6）缓慢开启消气器上排气阀，开度为1/2即可；
（7）利用下游阀门调节流量，直至满足流量计正常运行的要求为止。

2.15.2.2 运行中的检查

（1）消气器在运行过程中，检查是否有跑、冒、滴、漏现象；
（2）消气器在运行过程中，观察排气管所连接的污油罐的液位有无异常上涨，发现异常上涨后，需要立即对消气器进行检修；
（3）正常运行中，消气器两边的压力损失应不大于0.07MPa；

（4）消气器出现故障时，应及时进行维修。

2.15.3 风险提示及削减措施

对于消气器，常见的风险及削减措施见表 2.5.1。

表 2.15.1 消气器的常见风险及削减措施

序号	存在风险	导致后果	降低风险措施
1	油品泄漏	火灾、爆炸、伤人	（1）进行拆卸等作业前，先进行关断及扫线； （2）巡检时，确认现场设备无渗油
2	起火爆炸	人员伤亡、火灾	（1）应先进行可燃气体检测，确定作业条件满足后方可作业； （2）作业时，应按作业许可管理规定操作； （3）严格按照操作规程，轻拿轻放，防止碰撞
3	机械伤害	人员伤害	劳保用品穿戴整齐，避免违章操作

2.15.4 维护与保养

（1）经常保持设备表面清洁。
（2）对于安全阀，每年至少校验一次。对于自动排气阀，每半年至少校验一次。安全阀的校验应由具有相应资格的锅炉压力容器检测部门进行。
（3）建议由操作者负责设备平时的维护保养。
（4）随时监测设备两端压力表读数，当使用压差达到 0.02MPa 时，建议冲洗滤芯。
（5）设备的定期检验必须严格按照《固定式压力容器安全技术监察规程》中的有关规定进行。所有的检验、检测结果应记入设备的技术档案。
（6）设备内部有压力时，不得进行任何维修。

2.15.5 注意事项

（1）消气过滤器应以立式安装在流量计前，其流体方向与壳体上的箭头方向一致。
（2）使用前应先把排气阀打开，保证流体中的空气在进入流量计之前能够顺利排出。
（3）过滤器应定期清洗，以减少压力损失和保证过滤效果。
（4）在排气过程中，有油气沫少量喷出是正常现象，当喷出的油气沫影响周边环境时，可将一根软管接到排气阀出口，把油气沫导入接油筒内。
（5）大量的油喷出属于不正常现象，须把消气过滤器的排气关闭，关闭上下游的阀门，拆开消气过滤器的压盖进行检修。

2.15.6 故障与处理

对于消气器，常见故障与处理方法见表 2.15.2。

表 2.15.2 消气器的常见故障与处理方法

序号	故障现象	原因分析	处理方法
1	消气器相连接的污油罐的液位异常上涨	排污阀关闭不严或浮球故障	对排污阀和浮球阀进行检查
2	渗漏	（1）消气器的盖板密封损坏； （2）螺栓松动	（1）更换密封件； （2）拧紧螺栓
3	安全阀泄漏	（1）安全阀内部腐蚀，造成密封件泄漏； （2）安全阀法兰金属缠绕垫密封面泄漏	（1）安全阀内部泄漏，更换新的安全阀； （2）法兰密封面泄漏，更换新的密封垫
4	压力表泄漏、显示错误或指针断裂	（1）压力表泄漏，一般为螺纹连接处密封失效或未拧紧； （2）压力表显示错误，一般为压力表未校准； （3）压力表指针断裂，一般为压力表在使用时，有超量程使用	（1）压力表泄漏时，拆卸压力表，重新紧固； （2）压力表显示错误时，重新检定或更换新的压力表； （3）压力表指针断裂，更换新的压力表
5	消气器滤网被杂质堵塞	原油中的杂质过多，或消气器长时间未清理过滤网	定期清理消气器过滤网

2.16 一体化地埋式生活污水处理设备

2.16.1 简介

一体化地埋式生活污水处理设备的作用是将污水从各排污口汇总,再由不锈钢格栅井到化粪池,由潜水泵将污水提升到水处理设备内进行处理,经处理过的水自流到清水池,最后由清水泵将其提升到站场外或城市污水管网内。

2.16.2 结构和工作原理

一体化地埋式生活污水处理设备的整个系统控制采用三菱 PLC 作为中央控制器,主要控制一台潜污提升泵的启停、一套潜污提升泵的液位控制器、两台风机的相互切换、一台清水提升泵的启停、一套清水提升泵的液位控制器和一套电磁阀提泥系统的运行等。该系统分自动状态和手动状态,在正常运行时,设备在自动状态下工作。该系统的主要设备设施如下。

2.16.2.1 潜污提升泵

潜污提升泵选用两台,分为工作泵和备用泵,一用一备。水泵型号为 F-05A,为潜水式无堵塞排污泵,功率为 0.4kW。水泵的启动受调节池液位控制器的控制,液位控制器由全密封的玻璃结构的水银构成,外部的塑料作载体。调节池内设有两只液位控制器,污水到高液位时,水泵启动,污水降到低液位时,水泵停止。

2.16.2.2 风机

风机采用 HC 回转式风机,该风机的噪声较小,使用寿命长,型号为 HC 型(1t/h),功率为 0.55kW。本系统中共采用两台风机,一用一备,在 8~12h 内交替切换。

2.16.2.3 清水提升泵

清水提升泵选用两台,分工作泵和备用泵,一用一备。水泵型号为 F-05A,为潜水式无堵塞排污泵,功率为 0.4kW。水泵的启动受清水提升井内液位控制器控制,液位控制器由全密封的玻璃结构的水银构成,外部的塑料作载体。设有两只液位控制器,清水到高液位时,水泵启动,清水降到低液位时,水泵停止。

2.16.2.4 沉淀池排泥

沉淀池排泥采用气提的方法,定期将其抽至沉砂沉淀池中,采用电磁阀进行控制,一般每 12h 提升一次,排泥在 5~8min 内完成。

2.16.2.5 格栅井(砼)

格栅井设置于调节池内的污水源头进水一端,设计考虑节约用地和投资。格栅井内设置人工格栅，通过人工格栅拦截去除生活污水中的较大的悬浮物固体、纸屑，保护水泵及后续管路系统不被堵塞。格栅井尺寸为500mm×500mm×500mm，并在格栅井上设置盖板，以防冻。

2.16.2.6 化粪池

在整个处理系统中设置了污水化粪池。通过化粪池设置，能充分平衡水质、水量，使污水能比较均匀地进入后续处理单元，提高整个系统的抗冲击性能，减小处理单元的设计规模。有利于降低运行成本和水质波动带来的影响，同时可以起到均衡水质的作用。设置液位自动控制装置，水泵将根据液位自动开启。调节池设计水力停留时间为8h，池内设一台F-05A型潜水排污泵。

2.16.2.7 沉砂池

由于污水中的有机成分较高，生化需氧量（BOD_5）/重铬酸盐指数（COD_{Cr}）=0.5，可生化性好，因此设计采用生物膜法。

因为生活污水中的有机氮含量高，在进行生物降解时，会以氨氮的形式出现，所以排入水中的氨氮指标会升高，而氨氮也是一个污染控制指标，因此在接触氧化池前加缺氧池，缺氧池可利用回流的混合液中带入的硝酸盐和进水中的有机物碳源进行反硝化，使进水中的NO_2^-、NO_3^-还原成N_2，达到脱氮作用，在去除有机物的同时降低氨氮值。

2.16.2.8 氧化生化池

污水经缺氧池处理后，自流进入接触氧化池，从而进入接触氧化阶段，即进入好氧处理阶段。

接触氧化池是一种以生物膜法为主，兼有活性泥的生物处理装置，通过提供氧源，污水中的有机物被微生物吸附、降解，使水质得到净化。

在设计过程中，接触氧化时间以较长为宜，即宜为6h，内部设高比表面积弹性填料，填充率为70%，比表面积接近600m²/m³，在设计面积负荷时，也应充分考虑周围环境，以确保较高的处理效率。因此设计负荷应选择比较低的值，即为0.83kg/（m³·d）。填料的使用寿命为8年。池内氧气由百事德（江苏）机械有限公司生产的回转式鼓风机提供。气水比设置为15∶1，曝气形式为微气孔曝气，曝气头考虑采用目前国际水处理方面较先进的胶膜曝气头。该装置在运行过程中永远不会出现堵塞现象，具有曝气气孔小、氧的利用率高等优点，与传统曝气形式相比，具有无可比拟的优点。

接触氧化是一种以生物膜法为主，兼有活性污泥法的生物处理工艺。经过充分充氧的污水浸没全部填料，并以一定的速度流经填料，填料生满生物膜后，在填料表面与充氧的污水充分接触，使水中的有机物得到吸附和降解，从而使污水得到净化。

此设计采用国际上先进的立体弹性填料，不仅比表面积大，且水流特性优越。由于大量微生物被固定在填料层表面，形成高浓度的污泥床，俗称"生物膜"，它具有较强的耐负荷冲击。此种结构由于没有或极少量地产生悬浮性的活性污泥，因而不会产生污泥膨胀，这也是此法的一大特点。此阶段的关键在于填料层的生物培养与落床，只要运行初期将此项工作做好，运行期间基本不会出现其他问题。

2.16.2.9 膜处理装置池

MBR膜分离技术与生物处理法的高效技术工艺，可有效地进行泥水分离，而且具有传统污水处理工艺不可比拟的优点，具体优点如下。

（1）可以实现反应器水力停留时间（HRT）和污泥停留时间（SRT）的充分分离；
（2）装置的占地面积小；
（3）系统硝化良好，难降解有机物得到了进一步的充分降解；
（4）剩余污泥的产量极低，理论上可实现零污泥排放等。

生活污水是优质的中水回用水源，其产量大，在宾馆、饭店等地，生活污水占总用水量的71%~79%，且其中的有机物的含量低，经MBR膜处理，可实现城市污水处理的资源化，经过MBR中水回用处理以后的水源完全可用于绿化、冲洗以及景观水补。

改进后的MBR膜生物反应器针对生活污水处理进行了试验，结果表明：污水的出水水质良好，化学需氧量（COD）<40mg/L，阴离子表面活性剂（LAS）<0.2mg/L，符合国家建设部颁布的《生活杂用水水质标准》。

通过对MBR出水水质和膜滤出水区上的清液水质进行同步监测，可明显观察到膜对系统COD去除率的贡献。结果表明，在整个试验过程中，上清液COD始终高于膜滤出水COD，充分证明膜具有拦截可溶性COD的作用。

整个系统对COD的去除率由生物降解区的微生物对有机物的分解和膜滤出水区膜对COD的拦截这两部分组成，而膜滤出水区膜的拦截作用弥补了生物降解区处理性能不稳定的缺点，保证优良的出水水质。膜对溶解性大分子有机物的拦截作用是由膜本身，以及改进型膜生物反应器处理洗浴污水的试验研究共同完成的。

改进型MBR的高效截留作用使活性污泥几乎全部截留在生物降解区，不仅维持了很高的污泥浓度，而且可大大提高其容积负荷。系统的COD容积负荷为1.16kg/（$m^3 \cdot d$），较传统的活性污泥法高1.5~2.5倍，同时有很好的污物去除效果和较强的抗冲击负荷能力。

MBR因具有诸多优点，成为当今水处理技术的研究热点，但膜污染引起的通量持续降低问题却始终是其推广应用的主要障碍。MBR可减轻膜污染的原因有以下几方面。

（1）生物降解区为复合式，MBR中的膜污染主要由膜表面对溶解性有机物的吸附及悬浮固体污泥的沉积引起。反应器中的悬浮污泥浓度越高，膜面沉积污泥量越大，而膜面沉积污泥可阻挡膜面的混合液中的溶解性有机物直接在膜面的吸附过程，从而使膜面吸附的有机物量降低。相反，反应器中的污泥浓度越低，膜面沉积污泥量越小，而膜面吸附的有机物量越多。复合式反应器的污泥量居中，因此，其综合效果较好，膜通透量能维持在较高水平。

（2）导流板将装置分为两个区，导流板的作用是使膜滤出水区的污泥浓度较低，从而有效地减少膜污染。膜清洗采用自来水冲洗，通量基本完全恢复，试验期间未采用其他膜清洗方法。需指出的是，由于该装置结构的特殊性，需注意其膜污染是以固体污泥吸附为主，还是以溶解性有机物的吸附为主。

2.16.2.10 清水消毒池

清水消毒池的有效消毒停留时间为 40min 以上，在本单元中，大肠杆菌和其他细菌被有效地杀灭，此时的出水细菌个数小于 100 个 /L。本单元设置溢流排放口。

2.16.3 运行操作

2.16.3.1 运行前系统的准备和检查

2.16.3.1.1 试运行前的准备和检查

（1）检查阀门，以及气管各部分的螺栓、部件是否脱落、松弛。

（2）检查风机是否正常、风叶的旋转方向是否正确。

（3）在运行 100h 后，检查并重新拧紧风叶固定螺栓。

（4）检查电气系统、地线是否接好。

（5）检查阀门井的阀门是否开关正确。

（6）检查风机是否加机油。

（7）检查生化池内的水位是否有 1m 以上。

（8）检查水泵的正反转。

（9）检查水泵的高低液位接线是否正确。

（10）检查整个水处理系统是否处于手动状态。

2.16.3.1.2 正常运行前的准备和检查

（1）检查整个系统设备是否正常，各开关、阀门是否在正确位置。

（2）检查水泵液位是否正常。

（3）检查接地系统是否完好，各电气、仪表系统是否完好，表计是否正常。

（4）确认整个水处理系统处于自动状态。

（5）检查风机是否加油、正转。

（6）检查设备内是否有 1m 以上的水位。

2.16.3.2 水处理系统运行

（1）一般情况下，水处理系统正常运行时，应在自动状态下工作。

（2）水处理系统正常运行时，污水阀门井的直通阀打开、旁通阀关闭。清水阀门井的直通阀打开。

（3）系统在自动状态下的工作程序。

① 当调节池的污水液面在停泵水位以下时，风机 1 保持停半小时，保持开 10min 状态，且污水提升泵不能启动。

② 当调节池的污水液面在开泵水位以下、停泵水位以上时，风机处于正常工作状态，此时能手动启动污水提升泵。

③ 当调节池的污水液面在高液位以上时，风机1与风机2在8～12h之内互换工作，水泵不间断运行，直至水位下降至停泵水位以下时，自动停机。

④ 当调节池的污水液面超过报警水位时，电脑发出报警。

⑤ 沉淀池污泥每隔12h提升至沉砂沉淀池或A级兼氧池中。

⑥ 清水池液位不控制风机启停，只控制清水泵的启停。

（4）系统在手动状态下的工作程序。

① 当调节池的污水液面在停泵水位以下时，污水提升泵不能启动。当调节池的污水液面在停泵水位以上时，可手动启动污水提升泵。

② 当清水池的清水液面在停泵水位以下时，清水提升泵不能启动。当清水池的清水液面在停泵水位以上时，可手动启动清水提升泵。

③ 在手动状态下，可自由启停两台风机。

2.16.3.3　运行过程中的检查

（1）检查水泵运转是否正常。

（2）检查气管系统的各部分是否漏气。

（3）检查系统有无漏油、各运行设备声音和振动有无异常，以及电流值是否正常。

（4）检查控制柜面板上是否有红灯亮。

（5）检查风机压力表的压差，如压差达到0.06MPa以上，可能需要更换曝气器或压力表。

（6）检查各压力、温度等参数是否正常。

（7）检查调节池、清水池的水位是否正常。

（8）检查水处理设备的周围环境是否正常，以及整套设备是否运行正常。

2.16.3.4　冬季运行

（1）进入冬季前，要检查气管是否良好。

（2）当室外温度低于0℃时，需确保阀门井管线和阀门不结冻，必要时可采取保温措施。

（3）确保设备及管线内的水不结冻，否则需排空污水。

（4）如果因不可抗力等原因导致全站停电，且无法确定恢复时间时，必须立即对每个生化池投入2瓶葡萄糖、3包奶粉等营养物质。

2.16.3.5　长期停止运行时的注意事项

从长期停止运行时起，到重新开始运行的期间，为了防止发生异常，需要正确对水处理系统进行检修和维护。

（1）设备内的污水需排空。

（2）不要让垃圾进入调节池、清水池及气管内。

（3）把填料、曝气器卸出。

（4）检查电源是否切断。

（5）把水泵和液位计提出。

（6）清理干净格栅井、调节池、清水池、设备。

（7）在进行清理时，要确认无有毒气体。

（8）长期停止运行后，水处理系统在重新开始运行前，须确认如下事项。

① 检查各部位的螺栓是否有松弛、生锈的地方，如果有松脱、锈蚀现象，须更换、维修后再运行。

② 检查风机马达、水泵、液位计等的绝缘度（用100V的兆欧表）。

③ 需重新安装填料、曝气器、水泵等。

2.16.3.6　操作时的注意事项

（1）格栅井内的污染物需15天清理一次。

（2）巡检时，注意水泵和风机运转时不能有杂声。

（3）水泵更换时，需斜拉铁链，其和底部自耦断开后再往上提。

（4）风机需定期加机油，巡检时，如风机在运行，需观察油嘴是否要滴油。

（5）巡检时，应观察控制柜面板上不能有红色故障灯亮。

（6）设备因故停止运行三天以上时，需及时和上级部门及供应商取得联系。

（7）风机压力表的压力超过0.06MPa时，应检查压力表及曝气系统。

（8）对整套设备系统进行维护时，应考虑有毒气体的危害。

（9）浮球更换时，新球底部应和旧浮球底部一样高。

（10）风机水泵不工作时，需检查相对应的接触器、热继电器和浮球是否损坏。

（11）农网停电切换时，需立即检查水泵和风机是否运转。

2.16.4　维护与保养

2.16.4.1　日常保养

（1）日常保养按运行前的系统检查和水处理系统运行过程中的检查执行。

（2）对所有阀门及时进行保养维护，确保其能够正常开关。

（3）检查风机机油是否正常。

（4）水处理的风机压差达到0.06MPa以上时，可能需更换曝气器或压力表。

（5）水泵和风机的维修和保养详见随机说明书。

2.16.4.2　定期保养

（1）运行管理人员和维修人员应熟悉机电设备的维修规定。

（2）应对构筑物的结构，以及各种闸阀、护栏、爬梯、管道等定期进行检查、维修及防腐处理，并及时更换损坏的照明设备。

（3）应经常检查和紧固各种设备连接件，定期更换联轴器的易损件。

（4）应定期检查、清扫电器控制柜，并测试其各种技术性能。

（5）每次风机和水泵停后，应检查填料或油封的密封情况，并进行必要的处理。根据需要添加或更换填料、润滑油、润滑脂。

（6）对于各种机械设备，除应做好日常的维护保养外，还应按设计要求或制造厂的要求进行大、中、小修。

（7）检修各类机械设备时，应根据设备的要求，必须保证其同轴度、静平衡等技术要求。

（8）不得将维修设备更换出的润滑油、润滑脂及其他杂物丢入污水处理设施内。

（9）维修机械设备时，不得随意搭接临时动力线。

（10）填料需三年更换一次。

（11）曝气器视水质两年更换一次。

2.16.4.3 设备运行状况巡视制度

值班人员应对风机房内管辖的各种设备进行巡视，发现有异常情况，应立即报告给有关人员，及时处理并做好值班记录。

2.16.4.3.1 巡视范围及巡视路线

（1）巡视范围：PLC 控制室、调节池区、设备区、清水池区、风机房。

（2）巡视路线：按上述管辖范围，从 PLC 控制室依次巡视各巡视区，巡视至风机房时结束。

2.16.4.3.2 巡视内容

（1）PLC 控制室：监控设备的工艺运行情况，记录并处理设备报警显示信息，检查风机房控制柜的各项监控项目等。

（2）风机房：检查现场风机运转的电流、电压、油量、风压等参数，各阀门（含管道阀门）状态，风机的渗、漏油情况，潜水泵开启情况及其他异常等。

（3）控制柜：检查控制柜面板上是否有故障红灯亮。

2.16.4.4 检修时的注意事项

（1）除非有检修需要，禁止人员进入调节池、清水池、设备内。

（2）为防止检修时发生意外事故，必须两个人以上的专业人员同时施工。

（3）检修时必须确认设备的风机、水泵、液位计及其他电源已经切断。

（4）切断电源后，各电器元件不能先用手接触。

（5）风机在运行时，绝对禁止人员进入设备。

（6）风机在运行时，绝对禁止把手和物品伸进风机内。

（7）调节池、清水池、设备内绝对禁止投入物品。

（8）装配电线时，须由专业人员施工，同时应注意有触电或漏电的危险。

（9）确认电源容量、开关、配电盘容量。

（10）装配电线时，从地线开始接线。

（11）装配电线时，注意不要导致漏电或短路。

（12）在配线后进行检查。

（13）持有资格的专业人员才可拆卸产品。

（14）检修风机滤芯时，应防止吸入飞沫。检修后，相关人员必须漱口和洗手。

2.16.5 故障与处理

（1）系统不工作。

① 检查总电源是否正常（电源为三相四线制）。

② 检查所有断路器是否合上。

③ 检查控制开关是否开到自动工作位置。

（2）风机不工作。

① 断开总电源断路开关，检查线路是否正常。

② 合上总电源，检查相对应的热继电器是否动作。

③ 若热继电器已动作，则按一下热继电器上的复位按钮进行复位。

④ 检查风机电机是否损坏（用万用表测电机三相间的阻值是否相等）。

（3）污水泵、清水泵不工作。

① 断开总电源断路开关，检查线路是否正常。

② 合上总电源，检查相对应的热继电是否动作。

③ 若热继电器已动作，则按下热继电器上的复位按钮进行复位。

④ 检查水泵电机是否已损坏（用万用表测电机三相间的阻值是否相等）。

（4）污水泵、清水泵不受自动控制。

① 断开总电源断路开关，检查线路是否正常。

② 检查相对应的浮球开关是否已损坏。浮球正常工作时，低位浮球先浮起，高位浮球再浮起时，水泵接通打水。当高位浮球先掉下、低位浮球再掉下时，水泵停止打水。注意高位浮球和低位浮球的前后顺序，前后顺序正常时，水泵不工作，则相对应的浮球已损坏。

（5）水泵更换时，需斜拉铁链，不能垂直拉动，因为水泵和自耦在水下有吸力。

（6）站内更换变压器或主电源发生变动时，应立刻到水处理风机房内的控制柜检查主电源线相是否发生变动，如风机、水泵出现反转，应立即调换主电源线相。